坏也好
脾有孩
气　子

K叔——著

台海出版社

图书在版编目（CIP）数据

好孩子也有坏脾气 / K叔著. -- 北京 : 台海出版社，
2024. 11. -- ISBN 978-7-5168-4056-6

Ⅰ. B844.1；G78

中国国家版本馆CIP数据核字第2024NT4238号

好孩子也有坏脾气

著　　者：K　叔

责任编辑：姚红梅　　　　　　　　封面设计：末末美书

出版发行：台海出版社

地　　址：北京市东城区景山东街20号　　　邮政编码：100009

电　　话：010-64041652（发行，邮购）

传　　真：010-84045799（总编室）

网　　址：www.taimeng.org.cn/thcbs/default.htm

E-mail：thcbs@126.com

经　　销：全国各地新华书店

印　　刷：河北盛世彩捷印刷有限公司

本书如有破损、缺页、装订错误，请与本社联系调换

开　　本：710毫米×1000毫米　　　　　1/16

字　　数：228千字　　　　　　　　印　　张：15.5

版　　次：2024年11月第1版　　　　　印　　次：2024年11月第1次印刷

书　　号：ISBN 978-7-5168-4056-6

定　　价：59.00元

>>> **前 言**

01

2021年我老家的一位长辈来北京看病——她已经连续失眠一个多月了，面容憔悴、眼神黯淡，瘦了10斤。我陪着她来到医院的精神科，她头上戴着各种仪器，做了上百道心理测评题，最后诊断为：中度焦虑。

好在治疗干预比较及时，服药一个多月之后病情好转，长辈终于重新拥有了宝贵的睡眠。

但是，让我感到震惊的是，几乎每次去医院精神科就诊，都能遇到一两个穿着校服的初、高中孩子，他们由家长陪伴着等待叫号。我没有鼓起勇气和那些家长有更多交流，但每个孩子，无论年龄、性别，都异常安静地坐在椅子上，要么刷手机，要么目光呆滞，要么始终披散着头发、低着头。家长偶尔尝试去和孩子交流，孩子的眼神里，有时是冷漠，有时是不耐烦，有时甚至是愤怒。

我无从知道，这些孩子在本应该最幸福的成长时光里，到底遭遇了些什么，但是他们的情绪表现似乎说明了一切。

作为两个男孩的父亲，我在医院精神科看着一个个来给孩子看病的家长，一边在心疼那些无助的孩子，一边也在感慨那些同样无助的家长。

原本健康快乐的孩子，原本幸福美满的家庭，为什么会走到这一步？

02

这本书叫《好孩子也有坏脾气》，但是，什么是好孩子？什么是坏脾气？

这本书给出的答案，大概率会颠覆你对"好"与"坏"的传统定义，也正是因为大多数家长，对孩子以及他们的情绪，存在着根深蒂固的错误认知，所以导致了一系列亲子问题。

如果说辅导孩子作业，只是最常见的亲子关系场景，那么，相比之下还有更多严重的亲子情绪问题频频出现。比如，近年来不断出现的未成年人心理健康问题，家庭亲子关系淡漠或出现冲突的问题，甚至一些未成年人做出了很多恶劣的反社会行为。

而这背后，就是本书要探讨的核心主题：亲子情绪管理。一个在家庭教育中最常见、最棘手，但也最容易让家长使用错误的方式来应对的问题。

03

亲子情绪管理需要整个家庭，包括家长与孩子，甚至三代、四代人一起选择科学有效的方法，来面对和解决。

情绪问题在当下这个时代，几乎成了每个人的"标配"。工作和生活的压力，让我们每一天都可能陷入焦虑、失落、愤怒、迷茫等情绪当中，而这些情绪又会反过来加重我们的压力和负担，进入一个负向循环。

因此，如何科学有效地应对我们的情绪问题，成了当务之急。

04

我在2019年创办"一行DoMore"教育品牌之初，主要服务的是成年人，尤其是80、90后的家长朋友们。我们带着数以万计的学员，进行富足人生的探索，通过"进化圈"年度社群、108自律行动营、教练特训营等线上服务产品，帮助他们找到了自己的人生使命，告别了焦虑和内耗的情绪，重新找回对生活的好奇心和热爱。

而在此过程中，最让学员们受益的，就是"一行DoMore"的教练对话体系。很多困扰了学员数年的问题，经过一两次教练对话，学员便找到了答案，并恢复了自己的能量状态，变得更加坚毅、笃定。而且，我们也惊喜地发现，不少学员把教练对话应用到了亲子关系当中，收获了无数孩子成长和蜕变的珍贵瞬间。

于是，我们将一行教练体系进行延伸和拓展，形成了本书的一个观点或者说是一个倡议：通过掌握教练式亲子沟通方式，成为教练型智慧家长。

我们的一行亲子情绪管理训练营，一经推出便成为很多家庭亲子关系改善的秘籍！仅仅一个月的时间，那些缺乏安全感，时常感到恐惧、愤怒、悲伤、失落、自卑、叛逆的孩子，就发生了巨大的改变。家庭关系也从撕裂状态，朝着和谐幸福的方向持续迈进。更重要的是，我们的家长学员意识到了一件事：

爱孩子，更要爱自己！

05

这本书脱胎于亲子情绪管理训练营讲稿，尽管缺少了训练营社群的陪伴、小班的教学、亲子情绪教练的一对一对话指导、作业的交流点评等，但我相信只要能够认真阅读，一定会给你在家庭的亲子情绪管理上带来一整套科学有效的方法。

而且，多说一句，本书每一章后都设置了作业，强烈建议你尝试练习，并且参考我们提供的训练营优秀作业案例，这绝对是一次学习＋实践的最佳机会。读书的关键在于应用，哪怕实践一次，也比只是阅读要有效得多！

书中的序章，首先提出了家庭教育的核心框架"345模型"：3个原则、4类关系、5种能力。具体地说：

3个原则：归属感、价值感、终身成长；

4类关系：夫妻关系、亲子关系、家校关系、同伴关系；

5种能力：情绪力、沟通力、自控力、学习力、成长力。

而情绪力是孩子成长过程中的最底层操作系统，是家庭教育的基石。

第一章给出了情绪的基础定义，并回答了"为什么我们的情绪总是被别人左右"的问题。

第二、第三章则从家长与孩子两个角度，提出了掌控情绪和情绪管理训练的核心方法论。

第四至第九章则讲述在孩子的情绪世界中，最常见也最需要家长给予训练帮助的情绪类型：缺乏安全感、恐惧、愤怒、悲伤、失落、自卑、叛逆等，同时给出了具体的应对场景和措施，帮助家长即学即用，即刻产生效果。

第十章重点分享教练式亲子沟通的方法，让更多家长通过神奇的教练对话，找到与孩子沟通的最佳方式。

第十一章，依然将孩子的学习作为讨论重点，不是唯成绩论去让孩子"卷"，而是希望让家长和孩子都能理解，学习是孩子人生路上，尤其是早期成长道路上最重要的"练兵场"。我们的目标绝不是考一个好成绩，而是通过学习这件事，练习提升自己的各项能力，实现未来的富足人生。

第十二章也是最后一章，把关注点从孩子转移到家长自己身上，太多的中国家长把一切都给了孩子，但因为方法错误，换来的反而是孩子的厌烦和不理解。我旗帜鲜明地提出：爱孩子，更要爱自己！

如果一个家长的情绪总是失控，又怎么能好好地爱孩子呢？

如果一个家长都不懂得、不舍得好好地爱自己，那么孩子又怎么能理解为什么要自爱，以及应该如何自爱呢？

请允许我诚挚地邀请你翻开这本书阅读，相信我，绝大多数关于亲子情绪方面的困惑，你都能在这本书中找到答案。

最后，我还是想再多说一句：爱孩子，更要爱自己！

目　录
------- CONTENTS -------

 序　章　成为不焦虑的父母，养育成长型学霸 >>>

01　第一章　为什么我们的情绪总是被别人左右 >>>

11 第十一章 孩子拥有了学习力，就拥有了人生的选择权 ›››

12 第十二章 爱孩子，更要爱自己 ›››

 后 记

扫码添加K叔微信
查看每章课后作业

13个章节作业查看口令 »

序章
发送关键字"情绪先导课"
即可查看课后作业

第一章
发送关键字"情绪第一课"
即可查看课后作业

第二章
发送关键字"情绪第二课"
即可查看课后作业

第三章
发送关键字"情绪第三课"
即可查看课后作业

第四章
发送关键字"情绪第四课"
即可查看课后作业

第五章
发送关键字"情绪第五课"
即可查看课后作业

第六章
发送关键字"情绪第六课"
即可查看课后作业

第七章
发送关键字"情绪第七课"
即可查看课后作业

第八章
发送关键字"情绪第八课"
即可查看课后作业

第九章
发送关键字"情绪第九课"
即可查看课后作业

第十章
发送关键字"情绪第十课"
即可查看课后作业

第十一章
发送关键字"情绪第十一课"
即可查看课后作业

第十二章
发送关键字"情绪第十二课"
即可查看课后作业

《好孩子也有坏脾气》
新书共读会

轻松育儿，妈妈不疲惫，爸爸不苦恼

做不内耗、懂孩子的新时代父母

亮点一
社群直播领读陪伴，
引领你真正读透书中精华。

亮点二
帮你摆脱"读不完书"的困扰，
开启精彩育儿新旅程。

亮点三
告别吼叫式教育，
让孩子拥有自主学习力。

大咖书房团队精心打磨，
共读营好评如潮，
为你的育儿之路不断注入能量

【大咖书房企业微信二维码】

扫码添加好友 ➡
抢免费听课名额

>>> **序章**

成为不焦虑的父母，养育成长型学霸

本书的主题是亲子情绪管理，属于家庭教育这个整体范畴内。对于很多父母来说，家庭教育是一个既熟悉又陌生的概念。说熟悉，是因为我们作为父母，和孩子的接触过程中，每天都在做家庭教育；说陌生，是因为绝大多数父母在实施教育的过程中存在非常多的困惑。

所以，我希望我们不局限于亲子情绪管理，而是跳出来，一起和大家探究更宏观的家庭教育：

到底什么是好的家庭教育？

家庭教育应该如何来做？

家庭教育有哪些重要的原则？

家庭教育有什么科学的理论框架和方法论？

……

第一节　家庭教育是一个庞大而复杂的体系

无论你是在读书上学阶段，还是工作就业阶段，如果让你把所有曾经或者现在遇到的问题和困惑全部列出来，给它们标出复杂程度，比如"简单""复杂""非常复杂"三个类别，我想，家庭教育一定是放在"非常复杂"那一类的。

当然，我们也会发现一个现象，那些越不重视家庭教育、不参与家庭教育的人，越会觉得家庭教育简单，他们通常会拿自己的成长经验作为唯一的指导原则来教育自己的孩子。

比如，自己小时候是在父母的打骂中长大的，就觉得孩子不能惯着，该打就要打。再比如，自己小时候是被父母娇惯着长大的，就觉得对孩子要无限宽容，甚至是没有原则的包容。

但是，我们要知道，每一个孩子都是不一样的，我们拿自己的案例去教育孩子，很有可能是以偏概全的。

家庭教育的复杂性，主要体现在以下四个方面。

一、家庭教育涉及的学科非常庞杂

家庭教育涉及心理学、教育学、营养学、社会学、脑科学等学科，如果再把辅导孩子作业加上的话，那数学、物理、化学、生物也要全加进来。看上去，我们是在养育孩子，其实这个过程中需要的知识是非常多的。

以情绪管理为例，比如孩子不想上辅导班，甚至在地上撒泼打滚，情绪崩溃。这是最常见的一个亲子场景，但这是需要从心理学的角度去剖析、去倾听、去交流的。如果只是单纯靠感觉，直接硬来也是有效果的，可我们教育的目的是希望孩子能够成长，而不是让孩子单纯上一节课。

二、家庭教育的因果关系具有极强的不确定性

俗话说种瓜得瓜，种豆得豆。但是对于一个孩子的教育，父母的付出和得到的反馈是无法准确匹配和准确量化的。

比如，你工作了一小时、学习了一小时、运动了一小时，这些付出所得到的结果基本是可以量化的。但是，你和孩子相处了一小时，你是很难准确地获得一个明确的结果反馈的。

教育这件事是有严重的滞后效应和隐藏效应的。也就是说，你今天跟孩子说的某一句话，可能在五年、十年，甚至二十年后才会产生效果，它不是立竿见影的。

回想一下，你有没有在长大之后的某一天突然想起父亲或母亲在你很小的时候说过的一句话？小时候你听不懂，但是这一天，你突然意识到，当时那句话对你的影响非常深，只不过它的效果是滞后的，这句话是一直潜藏在你内心深处的。

三、家庭教育没有科学和体系化的岗前培训

我们上学、工作都是在相对科学和系统的训练基础上完成的。我们上学时的教材是体系化的，我们在进入社会时也具备一定的基础能力。但是，家庭教育这件事，绝大多数父母都只能自学成才，或者说，干脆就靠自己以前的经验甚至直觉来进行判断。

而且，家庭教育是不能用KPI（关键绩效指标）进行跟踪考核的。在公

司，大家会一直盯着自己的KPI目标、OKR（目标与关键成果法）目标去推进，可家庭教育是没有的，以至于我们甚至连基本的投入时间都无法保证。

一提起家庭教育，大多数人的态度就是：这个很重要，但是我没时间……直到孩子出现问题了，甚至问题很严重了，才开始反思和后悔。家庭教育是有滞后性的，你这个时候着急了，想亡羊补牢，其实问题解决起来会困难很多。

四、现在的家庭教育要远远难于过去

很多人都有这样的感慨，就是我们小时候，父母对我们的教育，其实真的挺粗放的。

我印象中，从上了小学之后，我父母就没有再接送过我了，每天自己脖子上挂一把钥匙，自己回家自己开门，然后和小朋友玩，到点自己写作业，等父母下班回家。

甚至在我印象中，我们全家人一起出去玩的次数，一只手都能数得过来。我每个周末就是在家里待着，感觉他们工作日好累，周末一直在睡觉。

我妈看我们每天跟孩子的相处后，说过一句话："感觉你们养孩子，相当于我当时养5个你。"

其实我们和父母这一辈的核心差异在于，我们这个时代的整个文化环境出现了巨大的变化。

在以前的农业文明时代，基本上是"父为子纲"的亲子关系，子女是父母的私有财产，家庭当中，必须父母说了算。

之后进入工业文明时代，变成了"功利型"亲子关系，教育的目的是让孩子考上好大学，找到好工作，成为有用之才。

现在，进入信息文明时代，我们接收信息的渠道非常多，"民主型"亲子关系开始流行，我们作为这个时代的父母，进入了一种集体觉醒的状态。

但是，这种觉醒在我国又处于转型阶段，就是说，目前大多数的亲子关系在功利型和民主型之间来回徘徊、犹豫不定。昨天觉得孩子幸福快乐最重

要，结果今天看到邻居家孩子报了英语班，立刻就给孩子也报上了。

在这种转型期，我们作为父母，会越发感觉无所适从、犹豫纠结，不知到底怎么做才是对的，会有非常多的困惑。

为什么要讲家庭教育的复杂性呢？核心在于两点。

第一，要更好地爱自己。家庭教育真的很复杂，所以我们千万不要因为遇到了各种沮丧、挫折、不被理解就崩溃、焦虑，甚至全面地否定自己。

我们在家庭教育中犯错，也非常正常，要用更接纳的方式来对待自己。我们最开始做父母的时候，也会陷入这种自我否定当中，甚至在看了各种书之后，会有很大的内疚感和落差感。

后来，我越来越意识到，家庭教育绝不仅仅是针对孩子的，其前提一定是父母的自我成长。父母有了自我成长，才能构建更好的家庭教育环境，掌握科学的教育方法。

我们做父母不要一味地为孩子付出，还需要更好地对待自己，爱孩子最好的方式就是更好地爱自己。这一点非常关键。

第二，我们要尽可能把复杂的事情简单化。我们要提炼出家庭教育最重要的一些原则、纲领。

第二节 家庭教育的"345模型"

所谓家庭教育的"345模型"，简单说就是：3个原则、4类关系、5种能力。

3个原则：家庭教育中，任何方法、技巧都是在这3个原则基础上实现的，也就是"道"，必须遵循。

4类关系：家庭教育涉及的关系绝不只有亲子关系一种，还包括夫妻关系、家校关系、同伴关系，这些都是家庭教育中非常重要的关系。

5种能力：我们对孩子的教育需要按照这5种能力来培养，拥有了这5种能力，孩子的教育才是成功的。

一、家庭教育的终极目标——富足人生

在讲述"345模型"之前，我们需要先搞清楚一点，那就是家庭教育的终极目标是什么？

所谓终极目标，就是这个目标是凌驾于教育过程中其他所有目标之上的，其他的目标可能是阶段性目标，但是终极目标是一个最终的答案，是一个可能永远都无法完美实现，但可以通过努力尽可能接近的目标。

很多时候，因为我们对于教育的目标不够清晰，或者说容易摇摆，抑或是被一些阶段性目标搞乱，导致我们在教育路上经常迷失。

比如说，你觉得考上名校是家庭教育的终极目标吗？

显然不是，考上名校并不能确保孩子毕业之后成为一个优秀和幸福的人。但是，很多父母为了让孩子上名校，把孩子逼得走上了绝路，让人非常痛心。

那么，家庭教育的终极目标是什么呢？这个终极目标就是：和孩子一起，实现富足人生。

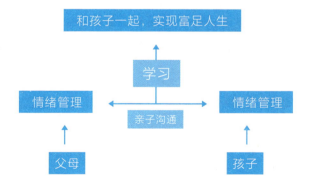

所谓富足人生，就是我们在身体、智慧、情感、财富、人生意义5个维度都能达到丰富充盈的状态。

很多时候，我们的目标都过于单一，导致人生出现了失衡。举个例子，

在这个功利化较严重的时代，财务自由好像成了很多人的终极目标，但是又有多少人在实现了财务自由后，却迎来了其他维度的失败和痛苦？身体生病了，家庭破裂了，失去对人生的热爱，开始抑郁了……这就是盲目追求单一目标而导致人生失衡的结果。

家庭教育绝不仅仅是针对孩子的，孩子实现了富足人生，而父母却过得极其痛苦，这绝对不是成功的家庭教育。我们一定要和孩子一起来实现。

那么，如何实现富足人生这个目标呢？

这就要依靠"345模型"，总结起来就是一句话：遵循3个原则、重视4类关系、培养5种能力，和孩子一起，实现富足人生。

我们在做家庭教育的过程中，要按照这个框架来落地和执行，把那些复杂的问题用相对固定和简单的框架进行拆解，就能够让家庭教育的目标更加清晰和可落地。

二、3个原则

3个原则，具体地说是：让孩子有归属感；让孩子有价值感；和孩子一起终身成长。

几乎所有的现代家庭教育的理论基础，都源于阿尔弗雷德·阿德勒的个体心理学研究。他在《儿童教育心理学》一书中提出，孩子在成长过程中，父母最应该关注的就是让孩子拥有归属感和价值感。这也是3个原则中的前两个。

第三个原则是我结合现在这个变化的时代提出的。现在最大的确定性就是一切都不确定，而我们的孩子在面对这些不确定之前，应该及早地建立成长型思维，坚强起来。而且，这个过程需要我们和孩子一起面对、一起成长。

1.让孩子有归属感

归属感，其实就是父母要给予孩子无条件的爱。

很多时候，我们在和孩子沟通的过程中，会加上一些限定词，导致孩子出现了误解。比如，很多父母会说，只要你能够考上好大学，其他什么方面我都不管你。

这就是一种有限定条件的爱。孩子会觉得，原来你养我的目的就是让我考上好大学，你并不是真正爱我。

如果你去问绝大多数父母，他们对孩子的爱是无条件的吗？他们肯定会说，当然是无条件的。但他们的沟通和表达方式却告诉孩子，爱是有条件的啊！

2.让孩子有价值感

价值感，就是要让孩子意识到自己的价值。

很多时候，父母会成为"直升机父母"，就是不停地去督查、去跟踪，导致孩子完全没有责任意识，所有的事情都是父母帮着完成的。孩子很难在做事情的过程中感受到自己的价值，也就无法找到自己真正热爱的事情。

孩子年纪小的时候可能还会顺从，但是等年龄大一些，他们就很有可能会变得非常叛逆，想去寻求一直缺失的价值感。

3.和孩子一起成长

有一句话说得特别好：孩子是父母的复印机。

父母的言行举止对孩子的影响要比想象中大得多。如果父母好吃懒做，而孩子很勤快是小概率事件。同样，如果父母每天都非常热爱工作、热爱生活，那么孩子大概率也是一个充满爱和力量的人。

孩子在成长过程中，不仅要有归属感、价值感，还要有成长型思维，也就是他在做选择的时候，并非只为了那一个个结果，而是享受过程带给他的成长。

让孩子学钢琴不是为了让孩子成为郎朗，而是希望孩子在学习的过程中享受掌控钢琴，创造美好音乐的过程。

孩子的改变一定是先从父母开始的。父母不去改变，依然在用原有的方式与孩子相处，那又怎么能让孩子发生变化呢？

就像俄国文坛泰斗托尔斯泰所说："全部教育，或者说千分之九百九十九的教育，都归结到榜样上，归结到父母自己生活的端正和完美上。"

三、4类关系

家庭教育中的4类关系分别是：夫妻关系、亲子关系、家校关系、同伴关系。

1.夫妻关系

夫妻关系是家庭教育中最重要的一类关系。如果夫妻之间关系和睦、其乐融融，在这种和谐的家庭环境下成长起来的孩子，哪怕没有刻意地进行情绪管理训练，也会幸福地成长。反之，如果夫妻关系不和谐，孩子内心会充满不安全感，情绪也会有很大的波动，孩子的情绪管理就会更加困难。

想要提升孩子情绪管理的能力，首先要做的就是改善夫妻关系。这是家庭教育4类关系中最为关键的。

夫妻吵架是很正常的事情，但是，如果长期在孩子面前争吵，会给孩子带来巨大的身心压力。你们是孩子最爱的两个人，他若是发现你们并没有对对方表现出足够的爱意，甚至把无尽的吵架变成唯一的相处方式，那么孩子受到的伤害是巨大的。

夫妻关系的改善很大程度上来自对情绪的掌控。很多时候，并没有实质的冲突和矛盾，只是因为双方情绪上的问题，最后导致关系的逐渐冷淡甚至破裂，其实是非常可惜的一件事情。

2.亲子关系

亲子关系是父母最关注也最头疼的部分。关于亲子关系的内容，后面的章节会进行更多的讲解，这里暂不展开。亲子关系的核心，其实还是前面提到的3个原则：给孩子归属感、价值感，和孩子一起终身成长。同时在情绪管理、亲子沟通等方面掌握一些方法，就能够很好地改善亲子关系。

3.家校关系

家校关系也是令父母比较困惑的一点。随着微信的普及，我们每个人都变成了永远在线的状态，父母和学校老师的沟通变得非常便捷，而这种便捷也会带来很多困扰。

无论是学校的要求，还是孩子在学校表现的反馈，或者是跟老师的沟通，父母有时候会比较无助，不知道该如何处理。

这里有一个核心点，那就是将心比心，永远共情。其实，老师和父母的核心目标是一致的，就是让孩子变得更好。基于这个核心点，老师可能提出了一些要求或者给予了一些反馈，父母要站在老师的角度和老师进行有效的沟通，一起帮助孩子成长。这个沟通的前提，很多时候依然是我们对情绪的掌控，要能和老师产生足够强的共情，足够理解老师，并且有意愿进行积极沟通。

举个例子，前段时间我家老大转学了，在新学校很不适应，我们经常被叫到学校，老师告之孩子比如做操很不认真、上课开小差等。我和妻子先尝试积极地跟老师共情，再沟通。老师把孩子做操的视频发过来。孩子真的是特别不认真，老师很严肃地说："必须回家好好练习。"

第一天：老师提出孩子做操不认真，很生气。妻子表示抱歉，与老师共情，并提出接下来的行动计划。

第二天：妻子向老师反馈带孩子练习做操的情况，并且委婉提出，如果孩子有进步，可以多一些夸奖。

第三天：老师反馈，孩子确实有进步。妻子表示感谢，同时提出还会持续带着他加强练习。

4.同伴关系

孩子的同伴关系是很多父母会忽略的点，但是对于孩子来说，尤其是随着其成长，社交需求的重要性会越来越高。

孩子每天担心的事情，可能不仅有学业，还有和同伴之间的友情，包括青春期之后孩子可能会早恋等，这些同伴关系也需要父母在家庭教育过程中，通过良好的情绪管理和有效的沟通，来帮助孩子更好地建立社交习惯，让孩子既能拥有独立的人格，同时也能成为一个受欢迎的孩子。

四、5种能力

培养孩子的5种必备能力，包括情绪力、沟通力、自控力、学习力、成长力。

下面重点讲一下这5种能力的逻辑关系。

首先是情绪力，这是最底层的能力，是一个人的底层操作系统。如果我们的情绪状态不稳定，那么做任何事情都会处于不稳定的状态。比如，一个孩子情绪经常失控，那么，他的自控力也会受影响，很难专注，学习效率自然会降低。

其次是沟通力，这是每一个孩子都应该从小培养的一种能力。阿尔弗雷德·阿德勒说，一个人几乎所有的痛苦都来自人际关系。我们从小到大，完全没有人教给我们沟通的方法，直到进入社会之后才发现，原来沟通是如此重要，无论是在职场上，还是在婚姻中，抑或是在生活里，沟通力都是非常关键的能力，完全是应该从小就去培养和学习的。

再次是自控力，自控力在孩子的成长过程中非常重要。大家可能都听说过棉花糖实验，让一群孩子做选择，第一个选项是立刻就能得到一颗棉花糖，也就是即时满足；另一个选项是需要等待15分钟，但是可以得到两颗棉花糖，也就是延迟满足。这其实就是一个关于自控力的实验，而在跟踪多年之后发现，那些延迟满足、自控力更强的孩子，通常会拥有更好的人生表现。

接着是学习力，这是孩子与这个世界不断产生连接的重要能力，这里的学习力，并不单纯指学习成绩好不好，还包括孩子的学习好奇心、学习意愿、学习态度、学习方法等。

最后是成长力，这其实呼应了3个原则中的"终身成长原则"，孩子永远会以一种成长型思维去看待这个世界，尽管自己失败了、落后了，但只要自己持续努力、持续迭代，就可以变得更好。成长力，在孩子面对挫折、面对困境时具有非常重要的引导作用。我们作为父母不可能永远为孩子遮风挡雨，成长力是孩子未来掌控自己人生的一种必备能力。

第三节　家庭教育的三个关键应用场景

"345模型"提到更多的是一些大的原则和框架，那么，我们作为父母，应该从哪些具体的方面去入手呢？有哪些具体的实操场景呢？

一、亲子沟通，是家庭教育的最小动作单元

我们要想提高家庭教育的水平，就必须先跟孩子进行沟通，这是前提，否则孩子怎么可能去理解、去改变、去合作呢？

所以，亲子沟通就是家庭教育的最小动作单元，相当于是我们的工具，这个部分如果掌握不好，那么其他各个方面都难以推进。

比如，你想让孩子提高学习成绩，但是用了错误的沟通方法，结果孩子的学习成绩不仅没提高，孩子反而更加厌学了。

比如，你希望能够和孩子交流，但是使用了错误的交流方式，导致你和孩子渐行渐远，甚至一些青春期叛逆的孩子与家长变成了仇人。

再比如，你希望孩子能够更加独立自主，拥有自控力，但是你每天都在不停地唠叨和催促，孩子干脆破罐子破摔，完全失去了自律的能力。

二、学习，是家庭教育的最佳实现路径

学习是绝大多数父母最关心，或者说最易焦虑的事情。我看到有很多人说，不要把学习当成教育孩子的重点，父母一定要给孩子自由，让他们找到自己的兴趣点。我非常不认同这个观点。

目前，对于国内绝大多数的家庭来说，学习依然是孩子最重要的一种成长路径。换句话说，我们要实现家庭教育的终极目标——实现富足人生，就必须让孩子在做事的过程中提高各种能力。

那要做什么事情呢？

对于一个不满18岁，还没上大学的孩子来说，最重要的练兵场，就是学习。

能不能对这个世界保持好奇？

能不能面对困难，不怕挫折，勇于坚持？

能不能独立自主地面对各种未知情况？

能不能很好地处理各种复杂的情况？

……

这些能力是未来孩子进入社会时所必需的，但是在其还没进入社会之前，怎么去锻炼和提高这些能力呢？就是依靠学习！

孩子喜欢阅读，愿意主动探求未知；孩子上课能够保持专注，遇到难题不轻易放弃。你看，学习这件事，几乎能够在各个维度锻炼孩子的能力。所以，重视学习没有任何问题，只是我们要懂得用更科学合理的方法，去激发孩子的学习内驱力，让孩子掌握高效的学习方法。

三、情绪管理，是家庭教育的底层操作系统

这里的情绪管理不仅包括孩子的情绪管理，更重要的是父母的情绪管理。可以这样说，中国有太多不开心的父母了。

无论是工作上的压力，还是家庭中的争吵，抑或是对自我成长的要求，

其实都存在情绪管理上的问题，而具体到家庭教育更是如此。举一个简单的例子，孩子磨磨蹭蹭不写作业，父母心情好的时候和心情差的时候，处理的方式可能是完全不同的。

　　这就是情绪管理产生的差异巨大的影响。

第四节　情绪管理很重要

为什么我们要把家庭教育第一项确定为亲子情绪管理呢？有三个原因。

一、情绪管理作为底层操作系统，是家庭教育的基石

情绪管理，是家庭教育的底层操作系统。如果把一个家庭比作一部手机，那么，情绪相当于这部手机的操作系统，而亲子沟通、学习、专注力、自控力等，则属于一款款App。

如果你的操作系统出现了问题，也就是你的情绪管理一塌糊涂，那么你手机上的App就会出现各种各样的问题，一会儿闪退，一会儿加载失败。随之而来的，就是在很多具体的家庭教育场景下会遇到各种各样的问题。

所以，我们希望通过亲子情绪管理训练，从最底层解决大家的亲子教育问题。

二、情绪管理是父母和孩子发生改变的最快方式

情绪管理这件事，哪怕你还没开始学具体的方法技巧，只单纯给自己一个信念：我希望对自己的情绪进行管理，把情绪管理提升到一个比较高的位置，就能够产生效果。

它真的是立竿见影，能够改变我们状态的一种方式。

一旦你的情绪管理发生变化，随之而来的，孩子也必然会发生变化。一个人的情绪状态是非常具有感染性，或者说传染性的。很多时候，我们感觉自己的状态不好、效率不高、亲密关系处理得不好，其实都可以通过调节情绪来加以改变。

三、教练对话和情绪训练模式，拥有丰富的情绪管理改变成果

很多父母以前可能经常会有焦虑、迷茫、生气等负面情绪，但是在训练之后，通过刷新认知，还有社群的陪伴，以及非常重要的一对一教练对话，整个人的状态都发生了逆转。

一旦情绪状态发生变化，接下来无论是日常工作、学习提升、运动健身还是家庭亲密关系等，都会发生正向的改变。多年来，有很多朋友希望我们能够研发出和孩子相关的训练产品，这证明了我们的教练对话是非常有效的。

我们同样有信心，能够在亲子情绪管理方面给大家提供真正的帮助，带来真实的改变！

第五节　本书的情绪管理训练有什么不一样

本书中的亲子情绪管理训练和其他的训练有哪些差异呢？核心有三点。

一、方法简单易行

我一直秉持一个宗旨，就是尽可能让方法简单化。如果讲各种原理方法，可以讲好几本书，但是大家听完了，东西太多，记不住。

我希望这本书能够让大家比较轻松地掌握具体的实操方法，而不是记住一些高大上的名词，却无法真正用起来。

最好的方法一定是足够简单的。越是复杂，越提高了使用的门槛，尤其是在家庭教育方面，我们遇到的挑战太多、太复杂了。而相对简单易行的方法，可以帮助我们高效地解决复杂问题。

二、便于实操落地

市面上的情绪管理书籍、产品，我们基本上都研究过。但是，有一个问题几乎都没能解决，那就是：学的时候好像懂了，但是具体到教育场景，就不知该如何下手了。

也就是说，读书也好，听课也罢，如果不能给读者提供足够落地的实操工具和方法，不带着读者做实践练习，是很难有真正效果的。

所以，我们的训练是实操训练，是要大家真正去练习和实操的。

三、能为用户赋能

最后一个核心，就是要做有温度的训练。这是我们的强项，每一个训练产品的黏性都非常强，而且大家会彼此赋能，抱团成长。

具体到亲子情绪管理训练，大家都是父母，遇到的问题很多都是相似的。同时，在家庭教育过程中，又是极其容易感受到无助和孤独的，所以大家会更加理解彼此的苦恼。

我们希望情绪训练不仅能给大家提供解决问题的具体方法，同时也能给大家提供一个彼此交流和赋能的场域。

第六节　训练使用手册

大家在训练时应该如何使用这本书中的方法呢？

一、破除能力陷阱，投入越多，收获越大

这一点非常重要。越积极主动，愿意花时间去投入的父母，得到的成长收获和蜕变就越大。

每一位父母都希望能够解决自己和孩子的情绪问题。我希望大家能够抽出时间来认真地读这本书，并进行各种实践练习和活动。

二、构建社交磁力，分享越多，收获越大

社交磁力，真的是一个特别神奇的东西。所谓社交磁力，就是我们通过社群，能够为彼此赋能。比如说，今天你的状态比较差，能量比较低，但是我的状态很好，我会通过自己的分享或者交流，给到你更多的能量。而明天，如果我的状态变差了，你的状态恢复了，你就可以为我赋能。

所以，这本书可以是各位父母的一个能量传递场，大家通过学习以及实操练习，会成为线上的"战友"。因此建议大家要在实操练习过程中多分享自己的经验、心得。

　　大多数父母都是热爱成长的正能量父母，都是同频的人，那就好好拥抱这种缘分，让社交磁力成为我们重要的赋能方式。

本章作业

　　请大家对"345模型"做一个复盘，把模型的内容整理出来，3是什么，4是什么，5是什么，要加深理解和印象。同时，也请大家写一下本章对自己来说印象最深的知识点。

01

> ❯ 第一章 ❮

为什么我们的情绪
总是被别人左右

　　大家有没有听过这么一句话，叫"成年人，早就戒了情绪"，或者是针对妈妈们的"好妈妈，一定要戒了自己的情绪"……很多人听完感觉很扎心，会觉得这句话说得对。我就是情绪上有问题，经常败给所谓的"感性的烦恼"，导致自己在工作上、生活上，尤其是在教育孩子上有很多的挫败感。都怪我的情绪，我必须把情绪给戒了！我要把情绪彻底消灭掉！

　　这个想法是极其错误的。

　　我们希望大家在进行情绪管理训练之前记住的第一句话就是：情绪不是洪水猛兽，不需要戒掉，不需要消灭，要好好地关照它。

　　太多人由于对情绪的理解出现了偏差，总觉得自己不应该有情绪，从而产生了巨大的愧疚感和自责感，让自己背上了巨大的心理包袱。这在养育路上，是最常见的一种状态。

　　比如，孩子写作业很磨蹭，折腾了一小时，才写了几道题，你的情绪一下子失控了，吼了孩子，或者打骂了孩子，事后很自责，后悔刚才情绪失控了。

　　再比如，在职场上，明明是一件非常小的事情，因为没有控制好自己的情绪，跟上级大吵了一架，事后非常后悔，一晚上没睡着，担心会影响自己未来的职业发展。

　　还有很多人，会选择做一个"忍者"，就是忍住不发脾气，但事实上，每一个人都会有情绪上的波动，都会发脾气。

　　这些情绪的出现，都是再正常不过的事情，如果你总是把情绪当作洪水猛兽，不停地逃避它、苛责它、抱怨它，甚至讨厌它、恐惧它，它反而会成为你的一种思维和行为惯性。每次只要有一些外部事件的刺激，你的情绪就会习惯性地以一种剧烈的方式释放出来。

　　这就进入了一个情绪的负向循环中，越讨厌和压抑情绪，越会被情绪困扰，走不出来。

第一节 情绪的本质是什么

一、三脑理论

三脑理论，是一个大脑的极度简化模型，这也是目前心理学和神经学研究领域公认的一个理论。

人类的大脑，可以简化成三个部分，分别是：

本能脑：主管本能。

情绪脑：主管情绪。

理智脑：主管认知。只有人类才有理智脑。

情绪的本质，跟三脑理论有关。其中的情绪脑，决定了我们的情绪状态，而且，大脑当中，本能脑和情绪脑的进化时间是最长的，同时也是最活跃的。很多时候，我们在面对外界的刺激时，都是先通过本能脑和情绪脑做出反应，然后我们的理智脑才上线工作。

总之，如果我们没能学会激活自己的理智脑，就会被情绪完全控制，从而失控或者崩溃。

二、本能脑的三重反应：战斗、逃跑、僵住

本能脑在面对外界刺激的时候，通常会表现出三种反应：战斗（Fight）、逃跑（Flight）、僵住（Freeze），也叫3F理论。

举个例子，孩子进入一个新环境，比如上一个新的辅导班，或者转学，就可能会出现这三种反应模式。

有的孩子可能会进入战斗模式，就像一只战斗的小公鸡一样，一说去上课上学就反抗、尖叫，到了课堂上，对老师和同学还会有很强的攻击性。

有的孩子会进入逃跑模式，一说去上课，就坐立不安，千方百计想溜走。

还有的孩子会进入僵住模式，以前上课时特别活跃、特别开心，但现在就像变了一个人，上课的时候不在状态，一直走神，参与不进课堂氛围。

这就是外界刺激导致本能脑做出的三重反应：战斗、逃跑、僵住。

所以，很多时候，我们看到自己、看到别人、看到孩子出现了一些本能反应，都是非常正常的，是人之常情。人类一旦遇到问题，就会天然地调用自己的本能脑采取这三种模式中的一种，来试图保护自己。

三、本能脑、情绪脑和理智脑的反应过程

通常大脑在遇到外界的刺激后，它的具体反应是这样的：

本能脑如果判断有危险，会立刻做出应激反应。本能脑的应激反应是瞬间完成的，几乎不花时间。

情绪脑会评估情境并产生情绪反应。例如，看到一张笑脸可能会产生快乐的情绪，而看到一张愤怒的脸可能会感到恐惧。情绪脑的反应比本能脑慢一些，但比理智脑快。

理智脑在处理信息时运行较为缓慢和复杂。它需要时间来分析情况，考虑不同的选项，并做出决策。

这就是大脑反应的整个过程。

　　所以，要掌控情绪，特别重要也特别难的地方就在于，我们是在对抗人类的本能。

　　而对抗本能的前提就是，要学会"拖延"，延长足够的时间，让理智脑上线工作。

第二节　情绪的运行机制

　　理解了情绪的本质和三脑理论，那么，接下来，我们来看看情绪的运行机制，也就是情绪的整个形成过程是怎样的，这样能帮助我们更好地掌控情绪。

　　情绪的发生，一共有4个步骤，分别是：刺激事件、身体反应、情绪感受、行动倾向。

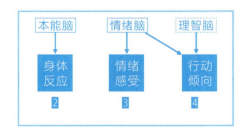

一、刺激事件

　　刺激事件就是发生了一个事件，会对你的情绪产生影响。比如老板批评你了或者你升职加薪了；再比如爱人给你买了一个生日礼物；抑或是孩子在学校闯祸了，老师给你打了一个电话。

也就是说，你的情绪出现变化，一定有一个外部事件的刺激。

外部事件的刺激之后，大脑就要开始工作了。这就要结合三脑理论，上图中把后三个步骤包含在一个框里，是因为它们属于大脑处理情绪的范畴。

二、身体反应

因为最先接收到外界事件的刺激信号的是本能脑，而本能脑会迅速地让我们的身体产生一些反应。这件事对你来说是正面的还是负面的，是安全的还是危险的，本能脑会做出第一次的判断，并通过身体状态表现出来。

比如，爱人给你买礼物了，你是不是嘴角不自觉上扬，是不是感觉心跳加快了呢？

比如，老师给你打电话，你心里是不是"咯噔"一下，甚至立马出汗，额头、手心都是？

再比如，孩子写作业特别磨蹭，而且错了一大堆，你是不是瞬间一团火涌上胸口？

这些其实都是本能脑驱使着我们的身体，产生了物理性的反应。

三、情绪感受

接着，就是情绪脑要上线了。比如，你很愤怒、很焦虑、很难过、很悲伤等，这是我们的一种主观感受。

爱人买东西，开心；老师打电话，害怕；孩子磨蹭，生气。这些都是你的主观情绪感受。

四、行动倾向

当我们身体当中充满了情绪的能量之后，就会感觉想要做点什么，这就是情绪的行动倾向。

这里的行动倾向会出现一次分歧。

前图中，在情绪脑和第4个步骤行动倾向之间画了箭头，这就是情绪脑在发挥作用。

但是，如果你的理智脑上线的话，就可以通过一系列的情绪管理方法，来调节你的情绪状态，从而改变你的行动倾向。

比如，老师在电话中说孩子太调皮了，你此时要能够迅速地恢复到平静状态，并且进行理智的分析和思考，可能是孩子最近身体状态不好，或者最近压力比较大、换新环境不适应等。同时也能很好地和老师共情，然后完成一次有效的家校沟通。

前图中，把理智脑四周的框线标记成了虚线，代表理智脑上线这件事，是需要我们学习和刻意练习的。很多人可能在大多数情况下都是被情绪脑裹挟了，根本就没有很好地激活和使用自己的理智脑。

这就是情绪发生的4个步骤：

第一，要有外部事件的刺激；

第二，本能脑会让身体做出反应；

第三，情绪脑会让我们表现出不同的情绪感受；

第四，行动倾向，要看我们到底是情绪脑还是理智脑占了上风。

当然，如何调用自己的理智脑，更好地完成情绪管理，具体方法会在后面的章节中详细展开。

第三节　为什么孩子的情绪更难控制

一、孩子的三脑发育过程

我们理解了决定情绪的三脑理论，了解了情绪发生的4个步骤，接着来思考一个问题：为什么孩子的情绪更难控制？很多时候，我们非常郁闷，甚至痛苦，因为搞不懂孩子的情绪，觉得他是在无理取闹。

但这背后跟人类的大脑有关。

大脑的三脑结构包括本能脑、情绪脑和理智脑。一个人从出生起，他的本能脑和情绪脑就一直处于比较活跃的发育状态，即使是一个初生的婴儿，他也已经有了比较简单的情绪能力。之后经历儿童期、青春期、青年期，孩子的情绪脑也在持续发育。

但是，相对来说，理智脑的发育，就要缓慢很多，需要一个相当漫长的时间。

我们可以回想一下，自己的情绪管理能力，或者说理性思考和判断能力，有没有在某一个时间点明显感觉到巨大的变化。

我们到一定年龄的时候，和之前会有很大的不同，以前真的会不自觉地冲动，但是年龄增长之后，慢慢地，整个人的理性思考能力会明显提升。

所以，对于孩子来说，情绪管理显然要比理智脑已经发育成熟的大人困难得多。

举个例子，比如有二孩的家庭，会经常有老大和老二出现争执的情况。有些父母会不问缘由地批评老大，而且会说："你是哥哥或姐姐，应该让着点弟弟或妹妹。"

父母对哥哥或者姐姐提的这个要求，其实是基于理智脑的要求。对于孩子来说，即使他是哥哥或者姐姐，但也是个孩子，理智脑还没发育好，是根本无法理解的。他只会优先用自己的情绪脑去做出反应，即觉得很委屈，为什么爸爸妈妈这么不公平，明明是弟弟或妹妹的错，却要批评我？这种委屈可能也会延伸到，孩子觉得爸爸妈妈不喜欢自己，可能还会因此讨厌弟弟或妹妹。

所以，对于孩子来说，他或她一定是情绪感受优先于理性思考的。

父母如果无视孩子的情绪，上来就跟孩子讲道理，根本就没法讲，完全不在一个频道上，孩子的大脑完全被情绪脑所控制，根本就接收不到父母的信息。

再比如说，孩子在家里玩，把整个家弄得乱七八糟，父母开始唠叨或者批评："说了那么多遍了，你怎么就不能把房间整理好呢？这都乱成什么样了？！"

父母的预期，是希望引起孩子的重视，让他赶紧认错，把房间整理好，这同样是理智脑的要求。但是，对于孩子来说，正玩得开心，父母上来就开始唠叨，烦死了。父母真是太讨厌了，为什么这么喜欢管着我？

你看，孩子的反应依然是情绪脑的反应，你们的沟通频道是错配的，自然会产生各种各样的冲突。所以，父母优先要做的，绝对不是上来就讲道理，而是要先去理解孩子的情绪，去安抚他的情绪脑。

只有情绪脑被理解了，再加上父母的指导和辅助，孩子才能更好地完成情绪管理。

这部分内容的核心，是希望父母一定要意识到，要多给孩子一些耐心，他每一次情绪的出现，其实内心都希望父母去理解和安抚，而不是无视甚至打压。而且，父母的无视与打压，只会得到相反的效果。

二、为什么现在的孩子更应该早些学会情绪管理

1.现在的孩子，情感关系过于单一，缺乏复杂的情绪体验

家庭是孩子学习情绪管理的第一学校，也是最重要的学校。但是，现在我们的家庭结构特点导致核心家庭成员在逐步减少，大多数家庭是一家三口或者一家四口，已经没有以前那种大家族了。

这就导致家庭成员之间的沟通和交流越来越少，孩子能够体验的人际关系变得非常简单或者说贫乏。以前，一大家子人，家庭成员之间会有丰富的情感关系以及情绪变化，孩子能够在这种人际关系中去观察、体验和学习。

但现在，孩子在成长过程中所面对的人际关系是非常单一的，这导致他在上学之后，或者遇到更复杂的人际关系时会手足无措，压力很大。

2.对于孩子的情绪，父母普遍关注不足

有一些父母没有掌握科学的方法来帮助孩子进行情绪管理。现在双职工父母很多，大家工作生活压力都比较大，即使花了很多时间在孩子身上，也依然会有力不从心。

同时，在情绪管理方面，普遍会受到传统观念的影响。比如，依然有"棍棒底下出孝子"等一些传统观念，会忽视孩子的情绪表达。再比如，普遍对孩子的教育非常重视，这导致父母在陪伴孩子的过程中，会不自觉地进入"比较焦虑"的状态。"别人家的孩子"真的给很多孩子以及家庭带来了非常多的压力。

如果父母没有系统性地去学习如何做好情绪管理，学习如何帮助孩子进行情绪管理，很有可能是花了很多时间精力，却没有达到相应的效果。所以，情绪管理真的是父母的一门必修课，而且，只有父母能够很好地掌控情绪，孩子才能够学会如何管理情绪。

3.孩子的情绪不被重视，会缺乏自信，缺失安全感

其实孩子时时刻刻都在用情绪来面对这个世界，但是，他只能感受情绪，却不知道如何用合适的语言来表达，如何用合适的方法进行管理。

当孩子出现情绪问题的时候，其实是非常渴望父母能够读懂他的情绪的。一旦他的情绪被理解，那么他就能够很快控制好自己的情绪，重新回到平静的状态。但是，如果我们总是忽视孩子的情绪，就会让他产生非常多的困惑。

他可能会想：

"为什么我这么难过，妈妈还在批评我？"

"为什么我这么开心，但爸爸看上去却在生气？"

"为什么我已经这么努力了，爸爸妈妈还是对我不满意？"

你看，孩子的情绪不被理解，会让他自己觉得：我是不是跟别人不一样，我出现这些情绪都是错的？

一旦这种情况经常发生，孩子的安全感和自我存在感就会越来越低。他会抱着更多的自我怀疑去面对这个世界，开始变得我行我素或者言行极端，结果就是招致父母更严厉的训斥，这样就进入了一个恶性循环。

有很多孩子和成年人，外表看上去非常强悍、粗暴，但内心其实非常敏感和脆弱，他们之所以有很多负面想法，通常都是因为成长过程中受到了太多的不理解和伤害，觉得"我是世界上多余的人"，"没有人喜欢我、在乎我"。

而且，这种对情绪的忽视，也会造成孩子在面对挫折和压力时，更加脆弱。

孩子一次考试没考好，情绪会很低落。如果从情绪上能够给孩子更多的理解和慰藉，他在面对压力的时候，就能够更快地达到内心的稳定。但是，有些父母上来就劈头盖脸地打骂，这样会让孩子更加难过，压力也会更大。长此以往，即使未来遇到一些很小的压力或者挫折，他也会过于敏感，抗挫折能力会越来越差。

第四节 学会情绪管理的孩子有哪些优势

那些懂得情绪管理，很早就开始接受情绪管理训练的孩子有哪些优势呢？美国华盛顿大学心理学教授约翰·戈特曼被誉为"婚姻教皇"，他的那本《幸福的婚姻》，强烈推荐大家看看。

他也做关于亲子情商的研究，并且根据多年来大量的家庭案例，总结了那些接受情商训练、懂得情绪管理的孩子，会有以下六个方面显著的优势。

一、孩子的专注力会显著增强

如果孩子的情绪不够稳定，有较大的精神压力，身体就会分泌压力激素，即使孩子眼睛看着书本，也没办法进行思考和记忆，很容易表现出烦躁和不安。而懂得情绪管理的孩子，更能应对外界的干扰和刺激，从而保持精神的集中，全身心投入自己的事情。

二、孩子的自主学习能力会更高，自信心加强

自主学习能力的核心，其实在于孩子能够想清楚自己内心到底想要的是什么，然后让自己的情绪、思维和行为保持一致。

这其实跟我们的情绪管理训练的思路是非常相似的，一定是先从情绪上

去理解，再进行理性思考和行动。

孩子是非常需要获得自我价值感的，学习这件事更是如此。哪个孩子不想表现得更好一点呢？很多时候，就是因为他在学习这件事上出现了畏难和厌倦的情绪，所以采取了战斗或者逃跑模式。而当孩子情绪足够平稳的时候，他的理智脑正常上线，自主学习能力和自控力自然就会提高，自信心也会随之加强。

三、孩子拥有成长型思维，抗挫折能力会提高

抗挫折能力，是一个人在成长过程中最重要的能力之一，尤其是孩子未来可能会遇到更多的不确定性和变化，这就要求孩子在各种变化和困难面前，能够保持成长型思维。所谓成长型思维，就是把眼光更多地关注在这件事能不能让我积累经验、收获成长上，而不是关注在我这次得了多少分，有没有拿到自己想要的那个目标上。

实现目标很重要，但实现目标的过程很难一帆风顺。能够很好地接纳各种失败，懂得如何调节自己的情绪，重新出发，持续迭代，这对于孩子的未来成长是极为关键的。

四、孩子拥有更强的社交能力，社交关系会更融洽

情绪管理训练，可以让孩子懂得如何正视自己的情绪，懂得如何共情、体谅他人，这样人际关系自然会更好。

有些孩子对自己的情绪和别人的情绪缺乏认识。比如他和别人一起玩，对方已经生气了，他却完全没有意识到，或者别人其实对他是有恶意的，他也完全没意识到，这就是孩子不懂得如何识别他人的情绪。这样，被他人排斥的可能性就会更高。遭到排斥的孩子，其内心承受的压力比我们成年人想象中的要大得多。

五、孩子懂得自我调节心情，幸福感会更高

自我调节能力差的孩子，是非常无助的。他的情绪总是波动起伏，没办法让自己进入平静的状态，导致在遇到一些问题的时候，找不到更合适的方法来调整自己。有一个调查表明，这些孩子在长大之后，会遇到更多的困扰。女孩可能会诱发厌食症、暴食症等饮食障碍，或者有冲动购买的倾向；男孩则更容易有冲动和暴力行为，或者出现酗酒等行为。这都是因为他不知道该怎么处理堆积在内心的负面情绪，而使用了错误的应对方法，对自己也造成了新的伤害。

六、孩子对疾病的免疫力更高

约翰·戈特曼教授从1980年开始观察4—5周岁孩子和父母之间的相互作用，并且持续跟进到孩子成为青少年。结果发现，接受过情绪管理训练的孩子，不仅学习成绩、社交能力、自我管理能力更加优秀，而且去医院就诊的次数也要低很多。他推测，是因为懂得情绪管理的孩子，能够更好地处理遇到的压力，在遇到困难或者伤害时，更容易从阴影中恢复过来。

我们知道，现代人患的很多疾病都来自压力，而孩子懂得如何减压、自我调整，对于疾病的抵抗力自然会增强。

以上就是拥有情绪管理能力的孩子，将会具备的显著的优势。希望父母能够在养育孩子的过程中和孩子一起去学习掌控情绪，从而在各个方面，让自己和孩子都能出现正向的变化，变得更健康、更成功、更幸福。

第五节　亲子情绪平衡轮

我要给大家介绍一个非常重要的情绪管理工具，这个工具可以很好地帮助我们梳理自己和孩子之间的情绪状态，同时有的放矢地进行刻意练习，帮助我们提升整体的情绪管理水平。

这个工具就是亲子情绪平衡轮。

在介绍这个平衡轮之前，先讲一下这个平衡轮的理论依据。

一、丹尼尔·戈尔曼的情商理论

哈佛大学心理学博士丹尼尔·戈尔曼写过一本世界级的畅销书《情商》，提出在一个人的成长过程中，情商在一定程度上要比智商更重要。

这本书引入中国后，立刻引起轰动，包括在国外其他的华人地区，这本书的销量始终都非常好。这在一定程度上反映了对于相对内敛的中国人来说，对情绪管理和社交的需求是非常强烈的。

丹尼尔·戈尔曼对于情商的定义是：一个人对情绪的管理能力。换句话说，一个人管理情绪的整体能力高低，就可以用情商来表述。大家熟悉的智商英文缩写是IQ，而情商的英文缩写是EQ，这里的E，就是Emotional，情绪的意思。

丹尼尔·戈尔曼通过大量的案例和实验研究发现，一个人能在社会上取得成功，很大程度上依赖情商。当然，这里的成功，不仅是指世俗意义上财富的积累，还包括一个人的幸福感程度。有人总结：在事业取得成功的过程中，20％靠的是智商，而80％要靠其他因素，其中最重要的是情商，良好的情商是获得事业成功的基本素质。

可见，情商非常重要。

心理学家阿尔弗雷德·阿德勒提出：一个人的痛苦，大多来自人际关系。而能合理有效地处理人际关系，就取决于我们的情绪管理能力。

而且，丹尼尔·戈尔曼还把情商或者说情绪管理能力，主要分成五个部分，分别是：

1.认识自身情绪的能力；

2.妥善管理情绪的能力；

3.自我激励的能力；

4.认识他人情绪的能力；

5.人际关系管理的能力。

二、亲子情绪管理的逻辑架构

具体到亲子情绪管理，我结合丹尼尔·戈尔曼的情商理论，做了相应的调整，对其中的自我激励能力做了删减，在亲子情绪管理训练当中，这部分内容不会单独去讲，而是把一些方法穿插在不同的章节中。

而剩余的四种能力，我结合亲子情绪管理做了一些调整和优化，从而确定了我们在亲子情绪管理过程中最应该关注的四种能力，分别是：

1.觉察自身情绪的能力：就是我们的自我意识能否及时感受到情绪的出现。这是做情绪管理最重要的前提和基础。如果我们没办法注意到自身的真实感受，就只能听命于情绪脑。

2.管理自身情绪的能力：就是在情绪觉察的基础上，我们可以掌握一定的情绪管理技能，来调整和掌控自己的情绪。这个能力可以帮助我们及时摆脱负面情绪，更快地从生活的挫折和困难当中恢复平静和专注的状态。

3.识别孩子情绪的能力：这考验的是家长的同理心，或者说共情能力。因为孩子的情绪就像一个魔法盒，而家长需要快速地感知到孩子的情绪，并且准确地找到孩子情绪背后的原因。

4.管理亲子关系的能力：在和孩子实现共情、建立情绪上的连接之后，家长还需要学习如何倾听、如何帮助孩子进行情绪表达，以及如何引导孩子去面对和解决问题，从而改善整体的亲子关系。

而我也把这四种能力，放入了亲子情绪平衡轮当中。

三、亲子情绪平衡轮

平衡轮，是教练最常用的一个工具，可以在不同的领域使用，比如个人的年度目标规划、OKR目标确定、职业规划、财富规划等。

而这里的亲子情绪平衡轮，则是帮助大家梳理和评估亲子情绪管理状态，规划亲子关系改善方向的。

亲子情绪平衡轮

这个平衡轮的上半部分，包括觉察自身情绪、管理自身情绪，这些是属于家长自己的。我们无论是在亲子教育过程中，还是在工作、生活、学习中，都应该学会更好地觉察和管理情绪。

再看平衡轮的下半部分，包括识别孩子情绪、管理亲子关系。这部分针对的则是我们作为家长应该如何帮助孩子进行情绪管理，从而提升和改善亲子关系。

情绪管理是家长的必修课，同时也是我们每一个人需要持续不断、长期练习的必修课，是没有所谓终点的。未来大家可以把这个平衡轮作为自己情绪评估的工具，在情绪管理这条路上持续精进，持续成长。

本章作业

一、请结合三脑理论和情绪运行的四个步骤，对给出的刺激事件和身体反应，写出剩余的三个步骤。

为了让大家更好地理解，这里给出两个示例。

刺激事件	身体反应	情绪感受	行动倾向（情绪脑）	行动倾向（理智脑）
孩子偷吃了三个冰激凌	眉头皱紧、胸腔起伏	生气、着急、担心	狠狠地骂孩子一顿，把冰激凌全部扔掉	和孩子共情，理解孩子喜欢吃冰激凌，和孩子一起制定吃冰激凌的规则
老板不满意你的方案，当着同事的面批评了你	额头冒汗、身体僵硬、发抖	害怕、恐惧、委屈、失落	担心被降薪或开除，反正领导已经不满意了，对工作破罐子破摔	利用成长型思维，意识到这次失败是经验的积累，这次领导不满意，接下来要更加努力
孩子放学回家，磨磨蹭蹭不去写作业	胸腔有一团怒火、拳头攥紧			
你正在准备一份重要的工作方案，领导突然交给你一个新任务，时间很紧张	眉头紧皱、四肢紧张、呼吸急促			

二、请写出本章对你收获和启发最大的1—3个知识点，以及这些知识点给你带来的思考和感悟。（这些延伸的思考和感悟非常关键，可以把课程的知识内容与未来的育儿实践更好地结合。）

02

> 第二章 <

家长如何掌控情绪

相信大家一定认同这样一个观点：我们作为父母，如果自己的情绪管理做不好，真的很难帮助孩子建立良好的情绪管理习惯。

很遗憾的是，在我们的成长过程中，从来没有人教过我们如何进行情绪管理。长辈、老师可能更关注我们的成绩怎么样，却很少问一问我们：你开心吗？你快乐吗？你的心情怎么样？这件事是你喜欢做的吗？

所以，很多时候我们遇到情绪问题，纯粹是依赖自己的悟性，而这个悟性是非常不稳定的，今天可能把情绪处理得不错，但明天发现自己又崩溃了。尤其是当我们为人父母之后，要面对的困难和挑战就更多了，有工作方面的，有自我提升方面的，当然还有孩子的教育。而且，教育本身就是一个非常复杂的问题，甚至要比我们在工作、生活中遇到的挑战复杂得多。

这个时候，情绪管理就是我们做好家庭教育的一个稳定器，如果自身情绪管理做得不好，那么，就很难给孩子好的教育和引导。所以，作为父母，学习和掌握科学的情绪管理方法，对于家庭教育和日常的工作生活，都非常重要。

亲子情绪管理，绝不仅仅是局限在亲子教育的场景当中。在本章，我希望父母能够系统地了解如何更好地实现对情绪的驾驭和掌控。

第一节　拆除你的情绪地雷

一、什么是情绪地雷

大家知道，地雷埋在地底下，处于隐藏的状态，不小心就会踩到。而情绪地雷顾名思义，就是某一件事或者某一个领域是绝对不能触碰的地方，一碰就炸。它隐藏在你的内心当中，你可能从来都没有意识到。

简单来说，你的情绪地雷，就是你个人成长过程中积累的一些情绪的节点，一旦遇到，就感觉过不去，没办法接受。

我有了娃之后，总体来说，情绪是非常平和的，妻子也是如此。我印象中几乎每次回老家，我的那些亲戚朋友看到我和妻子对孩子的态度，都觉得不可思议："你们也太有耐心了！"

但是，我发现，有一个场景，我真的特别容易发火，控制不住自己去批评孩子、训孩子。后来，我系统地学习和践行情绪管理训练，意识到这件事其实就是我的情绪地雷。

是什么事呢？就是孩子吃饭，把饭吃得到处都是。

其实仔细想想，这真的是一件非常小的事，但我就是看不过去，一旦看到孩子把饭吃得桌子上、地板上、衣服上乱七八糟的时候，我的情绪一下子就涌上来了，忍不住就开始唠叨。

后来了解了情绪地雷，我知道原因了。就是因为我从小到大的成长过程中，我父母对于我吃饭这件事要求极其严格，不能把饭掉在桌上，而且要珍惜粮食，碗里盛了多少饭，要全部吃掉，一点都不能剩。一旦出现不珍惜粮食的情况，就会被批评。所以，我就是喝小米粥，都要确保一粒小米都不能剩下，这好像已经形成一种强迫症了。

这个积累的情绪点，就是我的情绪地雷，一碰就炸。

当然，除了和孩子相处外，夫妻相处也会有情绪地雷。

比如，我跟妻子结婚十二年了，吵架其实真的很少，我父母经常说，他们要向我们学习怎么做到不吵架的。但是，我们有80%以上的吵架，都是因为一件事，那就是路线的选择。比如，要出去玩，应该走哪条路线，或者开车去接孩子，总共不到3公里，应该走哪条路线。我们结婚的前五年，都在因为这件事情吵架。

为什么呢？因为我俩在路线选择上，都有情绪地雷。

妻子是一个移动的导航，记路的本事特别厉害，而且有一种执念，就是必须走最近的一条路。但是我正好相反，我是一个路痴，而且我觉得，路的远近一点都不重要，我自己开心就可以了。

我们有太多次因为路线的选择而吵架，这就是我们的情绪地雷。其实意识到这一点之后，两个人去调节就可以了。但如果没有把这个地雷找到，情绪很有可能就会升级，很多夫妻吵架其实都是因为一些鸡毛蒜皮的事情，然后问题不断升级，最后出现了更大的裂痕，甚至可能一辈子都在纠结这件事。

说完夫妻相处，再说工作职场。你身边有没有那种你讨厌的同事？这里的讨厌不是指你要跟他每天吵架，势不两立那种，而是他说的几乎所有观点或者做的任何事情，你都觉得是错的，是不喜欢的。

以前我有一个同事，我就觉得他太假了，开会的时候看上去在做笔记，其实是在聊天；分工合作一个项目，他看上去很上心，但最后全都把"锅"甩给别人。经历了几次类似事件之后，我就很讨厌他。然后，他就变成了我的情绪地雷。

我后来分析自己，是因为我对别人的要求太高了，但事实上，怎么可能要求每一个人都和自己一样呢？

有一句话叫"己所不欲，勿施于人"，我把这句话改了一下，作为我解决自己情绪地雷的方法，叫"己所欲，亦勿施于人"，就是你自己不想做的，不要对别人做；但同时，你自己想做的，也不要逼着别人必须做。

所以后来，我对与人的相处方面就宽容了很多，即使价值观不同，对方也不会对我的情绪造成影响，这也是解决了情绪地雷问题之后，给我带来的变化。

我刚才举了三个例子，分别是教育、夫妻相处和工作方面的。你现在可以稍微思考和回忆一下，在你和孩子相处的过程中，和爱人相处的过程中，和你身边的领导、同事、朋友相处的过程中，有没有类似的雷区，就是不能碰的地方，经常会因为这件事而生气，或者导致情绪出现波动甚至失控的事情。

为什么要花这么大的篇幅来讲情绪地雷呢？因为只有把这些地雷先找出来拆掉，你才能重获自由。这是进行情绪管理的前提。

情绪就像是一座冰山，情绪地雷其实就隐藏在冰面之下，看上去是这样那样的原因，但深入探索，其实是在成长过程中积累的各种隐藏的情绪点出现了"爆雷"的情况。

二、如何找到隐藏的情绪地雷

那具体怎么找到这些地雷呢？

1.列出情绪地雷清单

找一个安静的时间，拿一张纸，思考和回忆一下有没有类似的事情，让你总是情绪失控，列一个清单。

列清单其实也是在自我剖析。很多时候，识别出来情绪地雷后，未来的处理方式就会自然而然发生变化。

因为一旦类似情况发生，你一下子就会意识到这是情绪地雷清单里的事情，会开始思考怎么去调整。这会让你更加理性地去看待产生的情绪。

2.记录下来

有些情绪地雷没有那么容易发现，你想半天也想不出来。你可以在每次出现情绪波动的时候，按照这样的一个简单的模板记录下来，就写在你的手机备忘录里，或者给自己发一条微信：什么时间、什么地点、有什么人、我因为什么事情生气了。

比如，今天上午开会的时候，领导批评我了，我很委屈。

……

就这样持续做这种碎片化的记录，大概一周到两周的时间，你就会从这些记录当中找到一些共性和交集。你可能会发现，一旦出现某一类事件，或者遇到某一个人、听到某一类评价，你就会出现负面情绪。那么这些就是你的情绪地雷。

3.给自己做一个问题清单

大家可以尝试着去思考和回答以下问题，其中很有可能就藏着你的情绪地雷：

你小时候是否有过非常愤怒的经历？

你的父母都是如何表达愤怒的？

当你愤怒时，你的父母反应是怎样的？

你的母亲生气时，是什么样子的？

你的父亲生气时，是什么样子的？

生气时，你通常会怎么做？

以上这个清单，是我用愤怒这种情绪作为模板来讲的，大家也可以尝试换成悲伤、恐惧、开心、自卑等情绪，套用以上这些问题。一边问，一边回忆一下你成长过程中，你的父母对这些情绪的处理方式和你自己的应对方式，从中找到你的情绪地雷。

这个方法，可能对于有些人来说是很痛苦的，因为可能在原生家庭中，有些朋友经历了很多不为人知的故事，而这些故事已经被你遗忘了或者说隐藏了。但是，如果从来没有认真地面对它，与它和解，它很有可能就会变成伴随你一生的地雷。

希望大家用以上方法，找到自己的情绪地雷。

三、为情绪地雷设置应对预案

我们接下来该怎么办呢？

我们要拿着自己的情绪地雷清单，设置相应的情绪应对预案。

比如，你一遇到这个人就很生气，或者很痛苦，那想一想，能不能沟通，或者可不可以适当远离他，有没有可以尝试的方法？

再比如，你发现跟孩子相处的时候，一遇到某件事就炸毛，能不能调整一下自己的心态？就像我后来看见孩子把饭吃得到处都是，我的处理方法很简单，我会告诉孩子，爸爸的强迫症犯了，感觉好难受，你能不能把米粒捡起来，以后尽可能不要掉呢？

这其实是一种情绪的表达，而不是去批评或者指责他。后来，孩子吃饭时很注意，也很少出现类似的情况了。

当然，后面的章节也会具体展开讲面对孩子的不同的情绪时，应该如何正确地进行沟通和情绪的表达，这同样是有方法的。

总之，情绪地雷是因为我们被某些人或者某些事给绑架了，而自己又没有很好地觉察到，所以会不断地陷入情绪的旋涡中。而当你找到它，意识到它的存在，并且积极地进行应对和处理后，就可以减少这类情绪地雷爆炸的发生。

第二节　掌控情绪的"核武器"——元情绪

拆除完情绪地雷，情绪是不是就能够保持稳定了呢？

刚才说的情绪地雷，更多的是在帮助我们找到一些隐藏的情绪点，并且做好应对预案，这样一旦发生类似的情况，可以很好地进行情绪的舒缓和管理。

但是，在日常的工作生活，尤其是教育孩子的过程中，遇到的事情是非常复杂的。而且，经常是一些临时发生的，从来都没有经历过的，可能也没有所谓的隐藏的情绪地雷，没办法提前设置预案，那么这个时候该怎么办呢？

那就要认识一个新的武器，叫元情绪。

一、什么是元情绪

元情绪，这个词由美国人格心理学家迈耶（John D. Mayer）和沙洛维（Peter Salovey）提出，是指在情绪体验中，个体持续不断地对自身的情绪进行监控、评价和调节反思的过程，它是对情绪本身的反思。

心理学家的定义都比较严谨，简而言之，元情绪就是，你对自己当下的情绪状态，能够保持全然的觉知。

这不仅可以帮助你对自己的情绪做更好的觉察和掌控，对增强专注力、自控力、思考深度也有非常大的帮助。

大家有没有遇到过类似的情况，比如，你的一个朋友情绪失控了，整个人非常崩溃，然后旁边有人劝他"你冷静一点"。然后对方特别严肃甚至是咬牙切齿地回答："我现在非常冷静！"

显然他根本不冷静，但他可能没有说假话，他真的觉得自己很冷静，这是为什么呢？就是因为他对自己当下的情绪没有保持全然的觉知。

这就涉及心理学上的自我意识。所谓自我意识，是对内在心理的持续关注，是自我观察，是跳出自己看自己。

也就是说，你作为一个旁观者，站在旁边去观察你自己，而且你是保持中立的。

所谓旁观者清，并不一定只能让别人去做那个旁观者，你自己也可以跳出来，成为那个旁观者。

一个人有没有情绪管理能力，前提就是他能否激活自己的元情绪，自己觉察自己的情绪。

举个例子，你从公司下班开车回家，会刻意地思考接下来的路线吗？不会的，经常是开着车，一边听歌，一边想事情，然后到家了，已经形成一种惯性。

当然，开车回家形成惯性是好事。但是如果你在情绪处理方面也处于一种惯性，就会非常危险。因为，按照三脑理论，遇到很多事情时，情绪脑会直接做出回应，这个回应是非理性的。

可当你拥有了情绪管理的"核武器"——元情绪后，你就能够以旁观者的身份，去看待你现在的情绪状态了。

二、如何激活和调用元情绪

调用元情绪，绝对不是让我们试图掩饰或者压抑情绪。很多时候，我们意识到自己出现情绪问题了，就会尝试掩饰或者压制它。

比如，早上要送孩子上学，结果孩子一直磨磨蹭蹭的，你也马上要去上班，情绪一下子就起来了，然后你不停地告诉自己：要忍住！然后尝试在孩子面前，掩饰这种情绪，继续和颜悦色。

看上去，你的情绪管理效果不错，但这种对情绪的压制和掩饰，是很容易在某一个时间点集中爆发的。

大家可以回忆一下，你有没有那种感觉忍无可忍，然后情绪大爆发的时刻？这其实就是在表面上，你并没有出现情绪失控的现象，但憋着、忍着，没有正确地进行情绪觉察和处理，就会导致在某个时间点上，情绪突然崩溃。这种情绪大爆发对我们自己、对亲子关系的危害要大很多。

那么，如何正确地调用我们的元情绪呢？给大家提供5个方法，大家可以尝试去实践，找到更加适合自己的方式。

1.30秒呼吸法

具体到调用元情绪，我给大家提供一个相对简单的方法，就是30秒呼吸法。这是由美国心脏数理研究院（Institute of HeartMath）研发出来的，效果非常好。

怎么操作呢？

第一，把右手放在心脏上方或者腹部位置。冬天穿的衣服可能比较多，可以把手指放到另一只手腕靠近大拇指的桡动脉上，集中精神去感受心脏的跳动。

第二，缓慢地吸气，慢一点，持续5秒，用手来感受心脏的跳动。

第三，缓慢地呼气，持续5秒。这里的吸气和呼气，都要比平时深很多，也慢很多。

然后维持这个呼吸的状态，做三轮，也就是一次深呼吸10秒，三轮就是30秒。

30秒之后，你的情绪会明显平静很多。当然，如果你感觉还是不够平静，多做几次，或者做感恩呼吸。就是你一边呼吸，一边由衷地感恩，试着去想一些让你感恩的人或事，通过由衷的感恩，让自己恢复正常的心跳。

2.自问自答

具体怎么做呢？用案例来解释。

比如，你今天开车的时候，堵车特别严重，然后，你又有一个特别重要的会议，害怕错过，感觉心里压着一团火，怎么办呢？

可以进行自问自答：

我生气了吗？好像有点着急。

我为什么会着急呢？因为害怕赶不上会议。

我现在着急能够赶上会议吗？赶不上。

……

就是这么三个自问自答，提炼一下就是：

我现在出现了某种情绪。

我为什么会出现这种情绪呢？

这种情绪能够帮助我解决问题吗？

一旦出现情绪了，心里就默念这三个问题，甚至你可以小声地讲出来，很快就会平静很多。这也是我使用比较多的一种调用元情绪的方式。

3.积极暂停或积极隔离

什么意思呢？就是你可以给自己刻意设置一种让情绪暂停的方式，或者找一个常用的隔离空间。

这里的暂停方式和隔离空间，需要发挥你自己的想象力。我分享一下我的情绪暂停方式，一共有三种。

第一种，手环暂停法。我之前一直戴着一个紫色橡胶的弹性手环，这个手环是《不抱怨的世界》一书中介绍的。一旦你开始抱怨了，就拉起这个手环，弹一下自己，不疼，但是能很快让你实现一种情绪上的隔离。

第二种，拍手。比如我感觉自己有点焦虑，或者很失落，这个时候我会用力击掌，然后内心默念"暂停"，这也是一种很好的方式。

第三种，敲击颂钵。我有一个钵，很小，就放在我的办公桌上，状态不太好的时候，我会敲击一下。闭上眼睛，专注地去听那个悠扬的声音，余音缭绕，从强到弱，自己也能够跟着那个声音进入一个平静的状态。

另外，刚才提到的隔离空间，可能有一些空间上的要求，你可以在公司或家里设置自己的隔离空间。

比如，在公司，有时候状态特别差，或者有一些负面情绪，感觉很影响自己的状态，我的隔离空间就是下楼，要么散步，要么跑步。

我在一篇晨间日课中写过，当时我在打磨情绪管理课程，感觉状态特别差，写不出来，就下楼跑了3公里，整个情绪状态就迅速调整过来了。当然，大多数情况下我会到楼下散步，而且，一边散步，一边会用刚才提到的自问自答的方法，效果不错。

我家有一个公用的情绪隔离空间，就是我家的次卧，也是书房。一旦某个家庭成员，包括我家小朋友，感觉自己情绪上来了，想要调整一下，就会主动或者被建议去次卧调整一下，效果非常好。

这种设置隔离空间的方式，可以让每一个家庭成员都能够比较好地识别和觉察自己的情绪。当元情绪被调用起来之后，再去做情绪管理，就会事半功倍。

4.情绪树洞

这里的情绪树洞，可以是你亲近的亲人、朋友，也可以是你的一个毛绒玩具，或者是你的一个日记本，你可以向他（它）吐槽一下你遇到的情绪问题，把你目前的状态、遇到的困难、你的情绪感受告诉他（它）。

我的情绪树洞第一个就是我爱人，我们两个互为树洞，情绪差的时候，一起聊一聊，拥抱一下，互相取暖。而且，我们还专门开了一个播客，叫"我们这一周"。一般周末晚上，孩子睡着了，我们两个人坐在一起，录一期音频，聊聊这一周的生活，其实就是通过倾诉和表达的方式，来调节我们的情绪状态。我俩情绪比较稳定的时候，播客就停更了。

第二个树洞是我的微信。大家可以在微信里搜索"文件传输助手"，或者直接发起群聊，找到自己的微信，自我对话。比如很生气、很难过、很焦虑时，把你的情绪或者想说的话，全部用语音发出去，就是一种很好的方法。你可以等第二天，或者过几天再重新听你的语音，会发现原来自己当时那么生气！但只要给理智脑一点上线的时间，你就会发现，没有什么情绪问题是解决不了的。

5.敲击疗愈法

如果以上四种方法你感觉效果还是有限，或者说，你本身遇到的情绪问题比较严重，那么，我强烈建议大家使用敲击疗愈法。

这个方法来自一本书，叫《轻疗愈》。它是一套结合东方穴位按摩和西方心理学的情绪疗法，通过轻轻地敲击我们身体的8个穴位，再附加一些自我心理暗示，来帮助我们调节自己的情绪，尤其是遇到比较大的压力或者很焦虑的时候，这个方法是非常有效的。

为了让大家能够好上手，容易记忆，我对这个方法做了简化，如果大家想了解更多的内容，可以去看《轻疗愈》那本书。

我将其简化成了三个步骤。

第一步，描述自己的情绪现状，并且全然接受自己。

比如，我在准备情绪管理营课程的过程中，用了太多次这个方法，因为写课有时候真的很痛苦，一直没有进展，就会非常焦虑。而这个描述语就是："写课让我感觉很焦虑，但是，我选择全然接受自己。"就是这么一句话。

第二步，用除大拇指外的四根手指，去敲击身体的8个穴位，一边敲击，一边把刚才的那句话重复讲出来。可以默念，也可以发出声音，甚至大声讲出来。

具体的8个穴位，包括手刀点、眉间、眼下、鼻下、下巴、锁骨、腋下、头顶，不需要过分追求穴位的准确性。

敲击的时候，可以念三遍刚才的情绪描述语，然后敲击下一个穴位。

第三步，深呼吸。当把8个穴位都敲击一遍后，深呼吸。我通常是完成5次深呼吸，然后在最后一次呼气的时候，比较用力地呼出去。

当然，你也可以做几轮敲击，然后感受一下自己的情绪状态有没有发生一些变化。或者，不一定每次都要敲击8个穴位，选择其中两三个你觉得比较有效的，去敲击就可以了。很多时候，是可以适当简化方法，降低难度的。即使只敲击两三个穴位，甚至只敲击头顶都是有效的。

第三节　掌控情绪的"万能"模型——ABC 理论

一、什么是ABC理论

ABC理论，是由美国著名的心理学家阿尔伯特·艾利斯（Albert Ellis）提出的，他是哥伦比亚大学心理学系的奠基人之一，创立了认知行为情绪疗法。

ABC理论就是他的情绪疗法的支柱理论，他主张的核心观点是：人的思维，或者说信念，会对情绪产生巨大的影响。

对于外界发生的同一件事，不同思维和信念的人会产生不同的情绪。即使是同一个人，在不同的时间面对同样一件事，因为当时的思维不同，情绪也是不一样的。

这一点，与情绪发生的四个步骤是非常契合的。

所谓的ABC，就是三个单词的首字母。

A（Activating events），指诱发事件。发生了一件事，可能是孩子把家里弄乱了，可能是开车和别人蹭上了，可能是被领导批评了。总之，发生了一件事。

B（Beliefs），指信念，就是对这一事件的想法、解释或者评价。这里有可能是非理性的思维方式，即情绪脑在掌控；也有可能是理性的思维方式，即理智脑在掌控。

C（Consequences），就是诱发事件使你产生了信念，并由此产生了最后的情绪和行为结果。

比如，前面提到的，对于孩子把饭吃得到处都是，我当时非常接受不了，情绪一下子就会上来。

A是孩子吃饭，把饭吃得到处都是。

B是把饭吃得到处都是，是我不能接受的。

C是我很生气，而且狠狠地批评了孩子。

但是，如果是你遇到类似的情况，是不是和我有很大的区别？应该比当时的我做得好很多。因为你在信念的环节，可能并不觉得把饭吃得到处都是是一件特别严重的事，所以你的情绪没有什么大的波动。你和我对于这件事的思维和信念，是有差异的。

再比如，之前提到的，我不太喜欢的那个同事。

A是这个同事做了很多我不喜欢的事情。

B是我给人家贴了标签，觉得他就不是个好人。

C是不管他说什么，我都觉得他是错的，很讨厌他。

我以为每个人都不喜欢他，但是我发现，我们领导喜欢他。或者说，领导明明知道他是存在那些缺点的，但是更关注他的优点，而缺点是可以接纳的。或者说，不会有那么大的情绪反应。其实这也体现了思维方式的差异，我有点过于绝对化了，但领导是更具有包容性的。

这种思维方式的差异，引发了不同的情绪反应。关于这个差异的产生，我再具体解释一下。

二、不同的思维方式，决定了不同的情绪

人的思维，是有理性思维和非理性思维之分的。

举个例子，你可以想象一下这个画面：

你今天下班之后去吃饭，碰到了你的领导，你跟领导打了个招呼，但是

领导看了看你，特别敷衍地笑了一下，什么话都没说就走开了。

这时候，你对这件事的想法是怎样的呢？不同的思维方式就会产生不同的情绪。

如果是非理性的思维，你会怎么想呢？

你会觉得，领导没理你，是不是因为你最近表现不好？是不是因为你得罪他了？是不是因为他瞧不起你，不喜欢你，所以才会对你视而不见？

这种思维下，你产生的情绪是什么呢？

可能是有些焦虑，有些担心，有些害怕，甚至有些恐惧。领导会不会给你穿小鞋？会不会对你不满意？会不会给你考核评定打低分？

如果你抱持的是一种理性的思维，你的情绪会发生什么变化呢？

你可能会这么想："可能领导最近太忙了，肯定特别累，而且好像最近他家里孩子马上要高考了，整个人也很焦虑，真的应该休息一下了。"

在这种思维下，你基本上不会有太大的情绪波澜。

同样一件事，你的思维想法不同，相应产生的情绪也完全不一样。如果产生负面思维，带来负面情绪，那么一定会影响你的工作效率，甚至还可能出错，跟领导的关系反而变差了。本来没什么事，结果变得有事了。

反过来，如果能够觉察到非理性思维，有意识地去改变它，就能够对产生的负面情绪进行积极调整，从而实现良好的情绪管理。这就是ABC情绪理论：通过改变我们非理性的思维和信念，来改变我们的情绪状态。

三、三种导致负面情绪的非理性思维

经常让我们陷入负面情绪的非理性思维都有哪些呢？艾利斯提炼总结了三种常见的非理性思维。

1.绝对化、必须化思维

比如，"我今年必须升职加薪""我的家庭必须和睦幸福""我一定能够长命百岁""我喜欢的人也必须喜欢我"。这种思维通常都带有"必须""一定""绝对"等字眼。这种绝对化或必须化的非理性思维，很容易让我们产

生自我怀疑和过度焦虑。

在和孩子相处的过程中，因为成年人的思维相对来说都是比较成熟的，而且已经建立了一整套价值观。但是孩子的思维和情绪还在成长中，他们当然会以自我为中心。

比如，你带着孩子去上钢琴辅导班，结果学了没几天，孩子不想去了，觉得太难了，想放弃。这个时候，你认为一定要坚持，"我的孩子一定要做一个积极努力的人。"一旦有这种信念，你肯定会因为孩子不愿意去上课，而出现情绪上的波动。

这就是绝对化、必须化思维。孩子还小，他可能就是单纯觉得上课好难，甚至有点自我怀疑，他需要的是你的理解和帮助，而不是给他讲大道理。

2.过分概括化、标签化思维

所谓标签化就是以偏概全。比如，一次资格考试你没通过，你就觉得，自己很笨，是个学渣。比如，你把一个很重要的项目搞砸了，就觉得自己工作能力太差。再比如，领导检查工作，发现你的PPT上有失误，把你大骂了一顿，你因为这一件事就觉得领导难相处。

一次两次发生的事情，只是偶然情况，并不能证明你是一个什么样的人，也不能证明这件事就肯定做不成。

任何事情都需要一个持续反馈、持续迭代的过程，如果你觉得这次事情没有处理好，去弥补和解决，思考下一次该怎么提升即可。千万不要给自己贴标签、下定义，甚至提前下结论。

就拿孩子不想去上课的案例来讲，你可能因为孩子之前有过几次不想上课的经历，就有意无意地在孩子面前或者在朋友面前给孩子贴标签，说："他就是经常半途而废，特别容易放弃，经受不住挫折。"

这对孩子来说，是一种巨大的伤害。当然，从你自身的情绪管理上说，也是一种伤害，因为你说孩子半途而废，每次遇到类似的情况，你依然很难受和郁闷，很容易跟孩子发脾气。

3.放大化思维

放大化思维就是过分夸大了事情的糟糕后果。一些不太好的事情，让你认为事情已经失控了，未来可能会变得更差，在这样的想法下，你的情绪也越来越差。

比如，领导批评了你，可能只是一个很正常的批评，但是你却开始胡思乱想，觉得领导这么生气，会不会开除自己呀？！结果越想越觉得就是这样的，整个人的心情因此差到极点。

但是，如果理性地思考后，你可能就会意识到，领导的批评很正常，而且其他人也经常被批评，没什么大不了的。其实是你想得太多了，这些非理性的思维让你产生了非理性的情绪。这就是放大化思维。

再以孩子不上课为例，你看到孩子不去上课，就开始胡思乱想："孩子现在就选择放弃，那以后长大了，上大学了，进入社会了，是不是也是这种半途而废的人？这以后可怎么办呀？！"越想越着急，这就是放大化思维在作祟。

了解完常见的三种非理性思维，那么对于这些非理性思维引起的负面情绪，我们应该如何处理呢？

四、ABCDE情绪管理模型

刚才简单讲了ABC理论，A是诱发事件，B是信念，C是情绪和行为结果。

艾利斯后来对ABC理论做了进一步的扩充和延伸，形成了一个更有助于调整情绪的模型，叫ABCDE情绪管理模型。

我们可以看看下图中的ABCDE情绪管理模型。

A、B、C和之前一样，是不变的。延伸出的D、E是什么意思呢？

D（Disputations）是反驳，就是你出现了非理性思维，导致负面情绪产生，也就是你现在处于情绪脑的状态。这时候，你要尝试着对原来的这个信念进行反驳干预。

这里的反驳方式，核心就是要让理智脑上线，并且以更加积极乐观的态度去面对现在的问题。这里特别重要的，就是要有成长型思维，相信世界上没有一成不变的事情，相信事情会往好的方向发展；相信现在虽然不够好或者遇到困难了，没关系，我们可以从错误中学习。要把思维聚焦于整个过程能不能让你或者孩子实现成长。通过这种分析和反驳，调整我们的思维模式。

E（Effect）是新的情绪和行为结果，即通过反驳，让你的信念发生变化，然后就会出现新的情绪反应，并且付出相应的行动，进而产生有效的情绪管理效果。

ABCDE模型，就代表着我们完成一次情绪管理的完整流程。

以孩子不去上课为例：

A 诱发事件	B 信念	C 情绪和行为结果	D 反驳	E 新的情绪和行为结果
	我必须让他去上课，决不能让他放弃（绝对化）	生气、愤怒	孩子只是遇到了困难，想要逃避。我自己也会这样啊，很正常	他需要我的理解和帮助，我需要保持平和，可以分享自己曾经失败的经历，让他知道不想去上课很正常
孩子磨磨蹭蹭地不想去上钢琴课	这个孩子就是一个不敢面对失败，经常半途而废的人（贴标签）	失望、生气	孩子其实很想变得更好，前几天还说觉得其他小朋友弹琴弹得比他好，他很羡慕	和孩子耐心沟通，给他信心，加强其自信，让他坚持下去
	这次不去上课，养成坏习惯了，以后肯定更麻烦（放大化）	愤怒、担心	孩子一次两次的放弃，根本不能证明他以后是什么样的人，他的成长是需要一个过程的	询问孩子不想上课的原因，通过沟通来了解孩子的内心需求。不要胡思乱想

通过这个ABCDE模型，我们可以尝试反驳和调整自己的非理性思维，让自己的理智脑重新占领高地，从而调节自己的情绪反应。

为了让大家对这个模型更熟悉，我们再来做两个练习。

第一个，是工作场景下的A事件：你负责的项目上线失败了，领导狠狠地批评了你一顿。

A 诱发事件	B 信念	C 情绪和行为结果	D 反驳	E 新的情绪和行为结果
你负责的项目上线失败了，领导狠狠地批评了你一顿	这次项目只许成功不许失败（绝对化）	焦虑、伤心、愤怒	项目的成功和失败，有很多影响因素，有些是不可控的，而且很多地方我存在失误，应该努力去分析和改正	放下焦虑和愤怒，尝试理性地分析和复盘项目失败的原因，并提出未来改进的策略，争取尽快再次迭代上线
	我就是一个能力很差的负责人，没办法管理好一个团队（贴标签）	失望、难过、生气	领导和管理能力是需要持续锻炼和培养的，这是我第一次做团队负责人，肯定有很多不足的地方，持续去优化就可以了	放下难过和自我怀疑，尝试寻找提升自己管理能力的方法，向领导请教，和朋友、同事交流，看一些管理类的书，上一些相关的课程来提高自己
	领导一定很失望，以后肯定不再信任我了，我未来的升职加薪肯定也无望了（放大化）	愤怒、担心	领导把任务交给我，本身就是对我的信任。一次没做好，领导失望也很正常，但关键是我能够从这次失败中总结经验教训，重新让领导看到我的能力	放下愤怒和担心，既然领导不满意，就等领导情绪好一些的时候，虚心向他请教。同时进行自我复盘，争取更多的机会，来展示和提升自己

第二个，是夫妻相处的场景，比如，最近对方每天都情绪不好，经常给你甩脸色。

A 诱发事件	B 信念	C 情绪和行为结果	D 反驳	E 新的情绪和行为结果
最近对方（丈夫/妻子）每天都情绪不好，经常给你甩脸色	夫妻两个人在一起就应该开开心心的，为什么老是甩脸色？！（绝对化）	生气、愤怒、难过	他/她可能最近压力比较大，再加上孩子居家上网课，很耗费精力，情绪差也很正常	我看看要不要准备一次短途的旅行，带着全家人一起出去放松一下，帮他/她调节一下情绪
	他/她就是一个消极的人，遇到问题总是情绪低沉，一点都不乐观（贴标签）	失望、难过	他/她可能最近太累了，工作太忙了，所以身体状态和情绪状态都比较差	我应该尝试和他/她沟通，看看有没有什么能够帮助他/她的，给他/她一些支持和能量，调节他/她的情绪状态
	他/她是不是开始厌烦我了？是不是不需要我了？是不是不爱我了？（放大化）	担心、害怕	他/她给我甩脸色，不一定是针对我的，很有可能是工作上，或者带孩子时遇到了一些难事	我可以和他/她沟通，问问他/她最近的工作、生活怎么样，有没有遇到什么难题，我们可以一起解决

ABCDE模型，是整个情绪管理过程中非常有效的一种方式，它是从情绪的本质和情绪产生的过程入手，通过让理智脑上线，从而调节我们的认知

和思维，实现对情绪的管理，可以说是一个万能的情绪管理模型。建议大家多进行练习，让ABCDE模型变成你的一种肌肉记忆，遇到情绪问题，可以非常熟练地进行处理和应对。

第四节　情绪觉察日记

大家可能以前听说过，或者尝试写过情绪觉察日记，而且会发现，不同的情绪觉察日记，模板可能会有差异。但其实大同小异。

本书中给大家提供的模板，就是我们刚才学习的ABCDE模型。

你可以每天尝试着把当天或者近期出现的某一种负面情绪用ABCDE模型以情绪觉察日记的形式写出来。

比如，你要准备一个训练营的课程稿，但是效率很低，内耗很严重。

比如，你最近在准备一个资格考试，这对你的升职加薪很重要，你压力非常大，很焦虑。

再比如，孩子马上就要上初中了，但是感觉孩子对学习还是不够主动，你特别着急。

总之，让自己静下来，去回看近期都有哪些负面情绪，并且按照ABCDE模型，写情绪觉察日记。

如果你能坚持写情绪觉察日记，你的情绪觉察能力和管理能力的提高绝对是超乎想象的。你会发现自己的情绪状态变得更加稳定了。

本章作业

一、第四节"情绪觉察日记"中提到的三个案例，这里已经把前面的ABC写完了，请你完成剩余的D和E。

A 诱发事件	B 信念	C 情绪和行为结果	D 反驳	E 新的情绪和行为结果
要准备一个训练营的课程稿，但是写得很慢，很痛苦，内耗严重	需要学习的资料太多了，而且害怕自己讲不好，大家听完之后没有效果	自我怀疑严重，很焦虑		
最近在准备一个资格考试，这对未来升职加薪很重要	感觉时间不够用，担心自己过不了，对自己没有信心	压力很大，很焦虑		
孩子马上就要上初中了，感觉孩子对学习还是不够主动	孩子再这样下去，可能上不了好高中了，他一定是不够努力，态度不认真	特别着急，恨铁不成钢		

二、请写出本章对你收获和启发最大的1—3个知识点，以及这些知识点给你带来的思考和感悟。

三、尝试写出你今天的情绪觉察日记。（你可以回想一下，近期让你产生负面情绪的一件事，或者几件事。觉察日记可以帮助你以一个全新的视角来看待困扰你的事情。）

情绪觉察日记模板：

A 诱发事件	B 信念	C 情绪和行为结果	D 反驳	E 新的情绪和行为结果	

03

> 第三章 <

家长如何帮助孩子
进行情绪管理训练

上一章的情绪管理对象，是家长自己。而这一章，则把关注点转移到孩子身上，这也是本书的核心主题。

孩子的情绪管理，很难通过自学成才，需要家长进行必要的协助和指导。

面对孩子不同的情绪，家长应该以什么方式来应对？

答案是：理解每一个孩子在气质类型上的差异，从而找到自己孩子的专属情绪回应方式。

我借鉴约翰·戈特曼教授的情绪理论而提出的ROLEX情绪管理模型，希望帮助家长一步步地完成对孩子的情绪管理训练。

另外，我还给家长准备了一套情绪管理的落地方法。

这一章不仅有理论，还有实操，更重要的，是需要每一位家长的实践与耐心。

第一节　家长回应孩子情绪的类型和方式

一、家长回应孩子情绪的三种错误类型

家长回应孩子情绪的常见错误类型有哪些呢？一共有三种，都可以归纳为"情绪抹杀"——没有和孩子建立情感连接，反而一味地抹杀孩子的情绪，对孩子造成了更多的伤害。

1.缩小转换型

"有什么可哭的，没什么大不了的"，这叫缩小；"别哭了，你看那只小狗多可爱"，尝试转移孩子的注意力，这叫转换。

缩小转换型家长，通常都有哪些表现呢？

第一，尝试转移孩子的注意力。

比如，孩子因为玩具坏了，一直在那里哭，家长就拿其他玩具来试图转移他的注意力。看上去这一招还挺灵的，孩子转移注意力后不哭了。但孩子内心的情绪并没有得到理解，甚至是被严重忽视的。

第二，用奖励来诱惑孩子。

玩具坏了，"别哭了别哭了，来，再给你买一个！"或者"别哭了，奖励你玩会儿手机！"你在尝试用奖励让孩子安静下来，但是有时候这招是不灵

的，就算给他买特别想要的玩具，他也哭得停不下来。你想用短平快的方式、理性的方式解决问题，但孩子可能真的非常喜欢他以前的那个玩具，玩具坏了，孩子很伤心。即使孩子平静了，他的情绪问题也没有得到解决。

第三，漠视孩子的情绪。

比如，孩子去医院打针，特别害怕，还没去医院就开始哭，你走过来说："哭什么？这么大了，还怕打针？你是不是男子汉？"这对孩子的情绪是完全漠视的。

我记得有一次去一个朋友家玩，他家小朋友养的一只小乌龟死掉了，孩子哭得特别伤心。朋友实在不耐烦了，就说："不就是一只小乌龟吗？至于哭成这样？"

家长总是习惯用理智脑跟孩子沟通。一只小乌龟对家长来说当然不重要，但是对于孩子来说，那可能就是他生命中一个非常重要的朋友啊！

第四，刺激孩子破涕为笑。

这可能是很多家长都曾经犯过的错。就像刚才的小乌龟事件，那个爸爸不是漠视孩子的情绪吗？这时候，孩子妈妈笑着走过来，一边挠孩子痒痒，一边说："你这个爱哭鬼，笑一笑，笑一笑。"我看到孩子被他妈妈挠得真笑了，但孩子的笑，真的是发自肺腑的吗？

孩子心里的情绪，会因为这种强制的笑而得到缓解吗？显然不会。

而且，他妈妈还给他贴了个"爱哭鬼"的标签，用这种故意淡化的方式来刺激孩子破涕为笑，其实对孩子的情绪管理是很低效的。

以上这四种缩小转换方式的底层逻辑就是，这些家长认为情绪只有好和坏两种类型。高兴、快乐、幸福，就是好情绪；而与之相反的害怕、恐惧、愤怒，就是坏情绪，都是不应该有的情绪。

所以，家长会想方设法去规避那些负面情绪。但情绪不是洪水猛兽，而且也没有好坏之分，无论是正面情绪还是负面情绪，都是再正常不过的。家长刻意要求孩子每天必须开开心心的，本身就是剥夺了孩子表达情绪的权利。

家长可以想想，自己内心有没有这样一个预设：我家必须开心，所有家庭成员都不应该有坏情绪。

我们的初衷是好的，但这个初衷是不现实的。即使家长勉强装出好情绪，也依然可能在某一天集中爆发，最后的结果更差。

那么，这样教育出来的孩子，会是什么样子呢？孩子对于情绪的感知和调节，会非常迟钝。

很多人在成年之后遇到挫折，喜欢用一些短时快乐来转换心情，比如暴饮暴食、酗酒熬夜等。很多都是因为无法正视自己的情绪，不知道该怎么处理，只能跟家长一样，忽视自己的情绪，用更简单直接但可能是错误的方式来调节心情。

2.压抑型

这种类型跟第一种很像，同样不重视孩子的情绪，同样觉得不应该有坏情绪。但不同的是，家长对孩子会加以更加严厉的批评。

这种情绪回应方式，对孩子的伤害更大。

压抑型家长，有哪些表现呢？

第一，认为孩子的情绪表达是错的，必须加以批评。

很多家长都鼓励孩子要分享，结果发现，孩子就是不愿意跟小朋友分享自己的玩具，而且还会表现出非常强烈的情绪。家长一生气，一把把玩具夺过来，强制性要求："你必须学会分享！"

家长辅导孩子做作业，结果孩子好几道题都做错了，家长说："咱们再把错题改一下。"结果孩子一下子就不耐烦了，开始摆臭脸，然后叹气，或者干脆大喊大叫，家长可能对他又是一顿批评、训斥。

孩子在面对很多事情的时候，都是用情绪脑做出快速、直接的反应，然后表现出不耐烦、不开心等情绪，这都是很正常的。这个时候家长对孩子提要求显然是没用的。如果孩子的情绪脑把家长的情绪脑也给勾上来了，那就更得不偿失了。

第二，完全忽视孩子的情绪，过度重视孩子的行为。

孩子哭了，家长上来就说："不许哭，男子汉不能哭！你再哭，我就叫警察叔叔把你带走！"或者，孩子没告诉家长拿钱被你发现了，二话不说就开骂："你可以啊，现在都会不说一声拿钱了，你信不信我收拾你啊！"

这些家长非常在意孩子的具体行为，而且他们特别喜欢用"3岁看大，7岁看老"来合理化自己的行为。孩子这么小就开始不说一声拿东西了，这么小就这么爱哭，这么小遇到问题就喜欢放弃，那他长大后肯定不够坚强，肯定容易出问题。

孩子行为背后的原因以及情绪到底是什么？为什么会哭？为什么会不说一声拿钱？一定是因为孩子有某方面的需求没有得到满足，而用了一种错误的方式。

如果不去理解孩子的情绪及其背后的原因，问题是无法得到解决的，只会让孩子感受到更多的委屈。他会觉得家长根本就不在乎自己的需求，他们可能真的不爱自己。

第三，棍棒底下出孝子。

严厉的打骂对于青春期之前的孩子，表面上可能是有效的，甚至是立竿见影的。但是，一旦孩子长大，当他开始感受到自己能力变强后，就会用更叛逆的方式，把之前积累的很多情绪反弹式发泄出来。也有的孩子可能不叛逆，但是做任何事情都会谨小慎微，生怕犯错。家长的打骂可能会伴随他一生，成为他的负担和枷锁。

以上就是压抑型家长的三种通常表现。在这种家庭长大的孩子，会趋向于低自尊，自我认同感很低。女孩会有忧郁倾向，容易意志消沉；男孩则更加冲动或有攻击性人格，喜欢用暴力来解决问题。

3.放任型

放任型相比前两个类型，有一个比较好的地方，就是能够认可和理解孩子的情绪，也不会有好情绪、坏情绪的区分，甚至能够对孩子全部包容。

放任型家长只是和孩子完成了共情，完成了情感连接，却没有继续往前走，导致孩子虽然在情绪上能够被理解，能够进入平静的状态，可是，依然不知道到底应该如何来解决问题。

也就是说，前面提到的，一定要先建立情感连接，再引导理性思考，两者缺一不可。

放任型家长，只完成了第一步，剩下那一步没有做。没有给孩子更好的建议，没有为孩子的行为划定明确的界限。

这种类型也有不同的表现。

第一，有共情，但只有共情。

比如，孩子在学校里违反纪律，被老师批评了，回到家一直在哭。然后家长一直耐心地安慰孩子。这个共情是做得很好，但是，如果没有对孩子的行为加以指导和修正，甚至有时候还鼓励孩子，孩子的是非观会出现很大的偏差。孩子会觉得，这些错误即使犯了也没什么问题，反正家长都说了没关系。

所以，家长一定要引导孩子去尝试解决问题，而不仅仅是保持情绪上的平静。

第二，放一放，就好了。

家长觉得让孩子把情绪发泄出来就好了。孩子难过想哭，那就让他哭一哭，家长不去关心和询问，觉得孩子通过哭就能自己解决问题。

总之，这种类型的家长，除了包容孩子的各种情绪、安慰孩子外，觉得没什么其他事情可以做，放任孩子自己消化、自己解决就可以了。

在这种环境下长大的孩子，他的情绪确实能够很好地发泄出来或者被安慰，但是，因为家长并没有给孩子设定行为的界限，觉得孩子做什么都无所谓，孩子很有可能会变得随心所欲，以自我为中心。结果，凡事只考虑自己的情绪，和别人完全无法共情，丝毫不体谅别人。孩子的社交关系可能会变得非常糟糕，甚至遭到周围孩子的排挤。

而且，家长若只是共情，而不去引导孩子独立解决问题，那么孩子的自立能力也会变差，他也会慢慢意识到，自己怎么什么事情都不会做？

孩子会产生自卑的情绪，觉得自己不如别人，或者别人不喜欢自己。

以上就是三种应对孩子情绪的错误类型。通常情况下，家长在每种类型下，都有可能交替出现，有时候会缩小转换，有时候会压抑，有时候会放任。没关系，意识到之后，逐步调整就可以了。

二、正确的回应方式：情绪管理

正确的情绪回应方式，当然是情绪管理。情绪管理的核心在于先共情，再引导。共情是家长和孩子之间的桥梁，一定要先建立情感连接，再引导理性思考。

千万不要上来就跟孩子讲道理，一定要先和孩子共情，让他感觉到，他是被理解的，家长是懂他的。接下来，孩子才能让情绪脑变得平静一些，从而让理智脑上线。

孩子一旦有了负面情绪，说明他现在大脑的处理模式是情绪脑模式，如何与孩子更好地进行沟通呢？你要努力站在孩子的视角，跟孩子保持同一个频道，建立情感的连接。否则，你用理智脑和孩子的情绪脑对话，孩子是完全接收不到你的信息的，你的所有教导都是无效的。

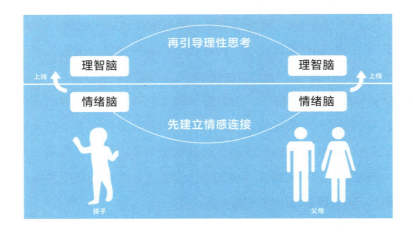

建立情感连接，就是家长与孩子共情的过程。但是，"共情"这个词太抽象了，以至于家长很难在瞬间做出反应，经常把共情忘在脑后。

所以，如果家长能够把共情这件事和情绪脑、理智脑关联起来，并且把自己代入不同的场景中，就能很好地和孩子完成情感连接。

比如，孩子去医院打针，但是一直哭，你看到别人家的小孩乖乖地就打完了，再看看自己家孩子，一下子气就上来了。

这个时候，调用你的元情绪，当你觉察到自己有了情绪后，可以想象孩子的脸上贴着"情绪脑"三个字。之所以哭泣、挣扎，是因为孩子在情绪脑模式下很痛苦，他其实是在向你求救。

这个时候，如果你贸然用理智脑去要求孩子，让他乖一点，别哭了，其实孩子是听不进去的，是接受不了的。怎么办？

询问他的感受，理解他的情绪，先让他平静下来，这样才能事半功倍。

总之，要正确地回应孩子的情绪，首先要问自己两个问题：

第一，孩子现在是情绪脑还是理智脑？

第二，我现在是情绪脑还是理智脑？

想更好地沟通和解决问题，一定要先和孩子建立情感连接，完成共情，再来思考和解决问题。

关于共情，这里要单独送给家长一句话，那就是：让自己变回内心的小孩。

孩子的情绪就像一个魔法盒，家长感觉很难读懂。这是因为孩子的大脑发育还不足够完善，他就是以自我为中心的，是用感性来看待这个世界的。他很有活力，但有时也会很冲动，喜怒无常，想要的东西希望立刻得到满足……这些在家长看来是情绪问题，但事实上，只是一个孩子应该有的状态。

你可以想象一下，如果你家孩子每天跟一个大人一样，和你沟通交流，那问题可能更大！

所以，家长要尝试把自己变成一个小孩，站在孩子的角度去看待各种情绪问题。这样，你既有大人理性的一面，又能理解孩子感性的一面，从而可以包容孩子的各种情绪。

我很早之前对孩子经常出现的抱怨情绪非常抓狂。踢球输了，就不想去训练了；弹钢琴太难，就不去上课了；考试没考好，就开始抱怨是老师教得不好……当时一听到类似的话，我就忍不住生气，要批评孩子。

但是，我后来尝试站在孩子的角度去思考，就完全释然了。

我小的时候，难道没有抱怨过吗？我也曾想逃课，我也会找借口，这不就是孩子最正常的反应吗？

可能我现在觉得自己是一个非常有正能量的人，不抱怨，会积极主动地面对和解决问题，但是这不是我天生就具备的。我回想了一下，我可能是到二十七八岁的时候，才真正变成了一个积极主动的人。那么，我为什么要强行要求一个10岁不到的孩子接受我的思考方式呢？这不科学！

所以，回归童心，尝试把自己也变成一个孩子，这样家长才能更好地与孩子共情，建立情感连接。

家长了解了回应孩子情绪的不同类型和方式后，接着还要了解一个知识点，那就是孩子的气质类型。

第二节　认识三种气质类型，每一个孩子都是独一无二的礼物

气质类型是儿童心理学中经常会用到的一个概念，用通俗的话来说，就是面对同一件事情，不同孩子的应对方式是不一样的，而且很多情况下都是天生的。

美国最早从事儿童气质研究的切斯博士和托马斯博士，将孩子的气质大致分为三种：容易型、困难型、迟缓型。

有些孩子的身上某一种气质非常突出，也有不少孩子兼具了几种气质。

气质类型并无好坏之分，任何一个孩子都能成为对他人、对社会有价值和意义的人，都可以实现自己的富足人生。但核心在于，父母在后天给予孩子什么样的教育环境，来释放孩子的潜能。而且，我们可以针对孩子的不同气质，有的放矢地进行教育和引导，以达到事半功倍的效果。

一定要尊重孩子的天性，相信每个孩子都是落入凡间的天使，父母要做的就是因材施教、因地制宜，千万不要拧着来，非要试图打碎孩子的天性，按照你的想法再去捏一个人，这只会造成孩子一生的悲剧。

那么，这三种类型的孩子都有什么特点？父母应该如何因地制宜地进行情绪上的共情和疏导呢？

一、容易型孩子

容易型孩子，简单说就是从出生起就特别乖，属于"天使宝宝"，能吃，能睡，爱笑，成长过程中也不惹祸，父母特别省心。他们通常易于相处，脾气温和，能容忍变化，感觉敏锐，适应性强。他们的进食和睡眠都具有一定规律，即使情绪低落，也能够较快地平复，通常会表现出积极的情绪。

这种类型的孩子，情绪是相对比较稳定的，如果能接受正确的情绪管理训练，成长路上会更加平顺。

但是，父母需要警惕的是，孩子的情绪到底是真稳定，还是表现出的稳定。因为这些孩子，非常在意别人的感受和看法，通常不会轻易地表现出负面情绪，而是更倾向于忍耐和包容。所以，父母不要因为孩子很乖就不去关注和重视他们，很多时候，他们看上去很平静，但内心有可能正在经历巨大的痛苦。

因此，面对容易型孩子，父母一定要特别留意，孩子在生活、学习上有没有表露出一些特别的情绪或者状态，而且要主动询问孩子的情绪和想法，给孩子足够的安全感，让他们可以毫无顾虑地表达自己的情绪。

就像我家老二，我们意识到孩子属于容易型之后，更加小心谨慎了，因老二其实是很敏感的，无论是处理和哥哥的关系，还是对他生活上的关心，我们都会主动和他交流。孩子以前比较内向，现在逐渐变得开朗起来。这就是针对孩子的气质进行有针对性的引导。

二、困难型孩子

困难型和容易型完全相反，典型特点就是不听父母的话，你让他往东，他偏要往西。这种类型的孩子，不喜欢各种规定、要求的束缚，有自己的想法，喜欢用自己的方式来面对和挑战这个世界。他很难发展出规律的作息习惯，易怒，难以适应生活规律的变化，而且通常哭得更凶、更久。

我家老大叮当就是这样的孩子。当他还是婴儿的时候，晚上睡觉就经常醒，哄睡要两三个小时。长大后，各种唱反调，而且情绪上也会表现得比较激烈。

如果站在当下看未来，困难型反而可能是优点，因为困难型孩子通常更愿意面对新的挑战，更具有独立思考精神和创新意识，经过正确的情绪管理训练，同样可以找到属于自己的富足人生。

作为父母，我们一定不要刻意去压抑孩子的个性，要多用肯定和鼓励的态度去顺从孩子的天性，挖掘他的潜能。而且这些孩子通常都是吃软不吃硬，你越想摁住他，他越反抗，且越容易走向偏激。

所以，父母要多给孩子安抚和理解。

说实话，我和妻子在教育孩子方面出现情绪失控的情况，绝大多数都是因为老大。但是持续进行情绪管理训练之后，孩子真的会变得越来越好。老大6岁之前，会因为小事而情绪崩溃。但是到了8岁，我们突然发现，孩子可以很好地调节自己的情绪了，我们特别欣慰。孩子的成长真的是需要耐心的。

困难型孩子的父母，可能要投入更多的时间和精力，这真的不是一件容易的事。

三、迟缓型孩子

第三种气质类型，叫迟缓型，这类孩子天生慢半拍，无论说话还是做事都倾向于迟缓，或者叫慢热。这些孩子在面对新事物的时候，会出现逃避、害怕等抗拒情绪，通常都需要一个比较长的适应过程。但是，一旦完全适应，他就会踏踏实实地保持下去。

所以，这种类型也叫作大器晚成型。

很多时候，孩子写作业比较慢，父母会很着急："这么简单你都要花这么长时间？"但是，孩子慢，不代表他笨，可能他就是这么一种慢性子，如果父母过分地批评和责备孩子，对孩子的伤害会很大，孩子会变得不自信，更加不敢去尝试接受一些新的事物。

所以，面对迟缓型的孩子，父母要给予足够的耐心，同时要站在更长远的角度去看待孩子，给孩子无限的信任，让孩子找到自己真正喜欢的领域，然后深入钻研。

总之，气质类型是没有正面和负面之分的，关键在于如何因材施教。父母要结合孩子的类型，给出有针对性的教育方法，让孩子能够发挥自己的潜能和优势。

第三节　帮助孩子进行情绪管理的 ROLEX 模型

家长如何帮助孩子更好地进行情绪管理训练呢？

这里给大家提供一个模型，这个模型的理论依据，依然是来自约翰·戈特曼教授，但是我进行了有针对性的优化和调整，并且给它取了一个名字，叫ROLEX模型。

ROLEX代表着我们给孩子进行情绪管理的五个关键步骤，分别是：

Read：识别和解读孩子的情绪；

Opportunity：机会来了；

Listen：倾听与接纳孩子的情绪；

Express：帮助孩子表达情绪；

X：引导孩子独立解决问题。

通过这些步骤，家长就能在与孩子沟通的过程中做到共情，并且引导孩子积极主动解决问题。当然，对于孩子在不同情绪状态下，如何做好情绪管理，还有很多更具体的方法，后面的章节会进行更深入的剖析。

一、Read：识别和解读孩子的情绪

情绪管理训练的第一步，就是识别和解读孩子的情绪。

很多时候，我们会觉得，我自己的孩子，我最了解了。但其实，大多时候，我们只能看到自己希望看到的部分。所以，孩子的很多情绪，如果不去努力地识别和觉察，是很难意识到的。

关于识别和解读情绪，有几条原则性的建议，供大家参考：

1.尽量在孩子情绪发芽时，及时察觉

孩子的情绪，就像一个气球一样，如果我们可以尽早地意识到孩子出现了情绪波动，并且及时进行沟通处理，那么就能让孩子的情绪尽快平复下来；如果错过或者延误了时机，孩子的情绪气球就会不断膨胀，甚至直接炸裂，导致情绪彻底崩溃。

孩子的情绪在发芽阶段就得到回应，相对来说，家长的处理难度也会更低；而等到孩子情绪崩溃之后再处理，难度就会大很多。所以，我们要多观察孩子的表情、动作变化，比如，高兴的时候嘴角上扬，伤心的时候嘴角下撇，生气的时候咬紧牙关、攥紧拳头、眉头紧缩，害羞的时候脸红或者耷拉着头等。一旦有情况，就要尽快进行沟通和安抚。

2.解读孩子行为背后的情绪

因为孩子的语言表达能力还没有成熟，所以会更喜欢用肢体语言来表达自己的情绪。这时候我们就要注意孩子的一些动作，尤其是对于那些比较内向、不爱表达的孩子，家长更要细心去观察。

另外，再次强调，不要一上来就评判孩子的行为，要努力解读孩子行为背后的情绪。比如，孩子很用力地把门摔了一下，有些家长的第一反应就是："你不应该摔门，你这是什么态度？"正确的方式是先理解孩子摔门背后的情绪。他可能是生气了，要思考他为什么而生气？

如果我们只是一味地关注孩子的行为，不解读孩子的情绪，就会导致孩子之后的行为更加激烈。因为他会觉得你根本就没有理解他，只是一味地苛责他，他会陷入自己的情绪脑当中，更加无法自拔。

3.主动询问孩子的情绪

除了要注意观察孩子的表情、动作外，更重要的一个方法就是主动询问

孩子。

询问孩子可以用开放式提问，比如："你今天感觉怎么样？"而不是用封闭式提问："你是不是生气了？"因为当孩子被问到有没有生气时，他只能回答是或者不是；但如果用开放式提问的话，孩子会表达更多的信息，比如"我很累，我很烦，我不想写作业，不想出去玩"之类的，我们也能更好地理解和引导孩子。

4.绘制情绪温度计

有些孩子在面对开放式提问的时候也不知道如何表达，或者他自己也不清楚感受。这个时候，我们可以给孩子一个识别情绪的工具，叫情绪温度计。

就像温度计能够让我们了解温度一样，情绪温度计能帮助我们了解自己的情绪变化，这样我们就能更好地识别自己的感受。

当然，具体的情绪内容，可以自己进行调整。家长可以仿照温度计绘制一个情绪温度计，左边是情绪的数值，从上到下，范围是1—10，数字越大，证明情绪问题越严重。数字1代表开心，数字10表示情绪崩溃。右边是代表情绪的表情以及对应的一些感受。

家长可以把这张情绪温度计打印出来挂在家里比较显眼的地方。每天早上上学之前或者放学之后，都可以让孩子做一个情绪的识别和评估。当然，家长也可以和孩子一起做。

这样就能用游戏的方式让孩子更准确地表达自己的情绪，而且家长也能更好地去识别和解读孩子的情绪状况。

二、Opportunity：机会来了

这个步骤非常简单，但是特别有效。就是每当孩子出现负面情绪的时候，家长可以在心里默念四个字："机会来了！"

为什么说孩子出现负面情绪是机会呢？

因为当孩子出现难过、生气、害怕等负面情绪的时候，是他最需要家长的时候。如果家长能够按照正确的方法帮助孩子进行情绪疏导和管理，那么

这就是一次增进和改善亲子关系的机会。

而且，家长要记住，孩子之所以会在你面前表现出负面情绪，是因为你是他最爱和最信任的人。换个角度想，如果孩子在你面前一言不发，冷若冰霜，总是看你的眼色，不敢有任何情绪的表露，可能孩子是非常缺乏安全感的。

很多叛逆的孩子会跟家长发脾气、顶撞，看上去特别凶、特别彪悍，但可能这个时候是他们脆弱，最需要家长去安抚和关注的。如果家长能进行正确的情绪引导，孩子会慢慢意识到，家长是理解我的，他们是我的盟友，他们愿意和我一起想办法解决这些问题。

所以，大家记住，一旦孩子出现负面情绪，脑海里要迅速出现四个字："机会来了！"

三、Listen：倾听与接纳孩子的情绪

前两个步骤主要是为了观察孩子的情绪，而第三个步骤则是要学习如何更好地倾听与接纳孩子的情绪。

这个步骤非常关键，有助于解决两个问题：一是如何和孩子建立情感连接，让孩子觉得，你和他是一个阵营的，是理解他的；二是要理解孩子的情绪背后，他的需求和意图是什么，他为什么会有情绪。

具体如何做呢？

1.照镜子：建立情感连接

想要解决第一个问题，如何和孩子建立情感连接，可以使用"照镜子"的方法。

当孩子表达自己的感受时，家长可以像照镜子一样去回应孩子。也就是，家长重复孩子的话，说出自己观察到的现象。这种方法可以让孩子感知到家长是在很认真地听自己说话的，而且能够认可自己现在的情绪。

举个我家的例子。当时我们给哥哥买了一辆变速自行车，结果弟弟就很生气，问为什么不给他买，然后就哭着喊："这不公平！"

大多数的回应方式是什么呢？家长会跟孩子说，你现在还太小，等你长大了，能够得着的时候，也可以拥有自己的自行车。

但是，这种方式其实还是偏向于用理智脑和孩子沟通，尽管这种回应在逻辑上是没有任何问题的，但是却忽略了弟弟的感受。这样不仅没有解决孩子嫉妒的问题，反而还让孩子觉得大人不够理解他。

这种情况下，家长应该怎么用照镜子的方法呢？

注意两个步骤：第一，重复孩子的话；第二，说出自己观察到的现象。

你可以这么说："你现在感觉非常不公平，所以很生气，对吗？"这一句话可以很好地让孩子意识到，家长是懂他的，是站在他这一边的。

然后继续说你的观察，比如"你也很想要一辆变速自行车""变速车感觉真的特别酷"。

这里稍微注意一点，要尽量避免用"为什么"来提问，比如："你为什么哭了？""你为什么生气？""你为什么难过？"

即使你和声细语地问孩子，效果可能也比较差。对于情绪脑"在线"的孩子来说，"为什么"是需要去思考的，而且还可能让孩子错误地认为，家长是在质疑他的情绪。就像我们平时和伴侣或者领导、同事交流，对方问你"为什么不去做家务？""为什么PPT还没交给我？"，是不是一听就很反感？

我们可以尝试把"为什么"替换成"是什么"或者"怎么了"。

比如，是什么让你这么生气呢？是什么让你有点难过呢？妈妈感觉你很难过，能告诉妈妈发生了什么吗？

这样孩子就能心平气和地讲述完整个过程，而不是被一句"为什么"掐断你们之间的情感连接。

2.3F倾听法：理解孩子背后的需求

我们再来解决第二个问题，搞清楚孩子情绪背后的需求是什么。

我们可以用3F倾听法。

这种倾听方式是从国际非暴力沟通中心的创始人马歇尔·卢森堡的研究

结果中发展出来的，清晰、简单、有指导性。

3F指的是Feeling感受、Fact事实以及Focus意图。也就是在倾听孩子情绪的时候，去听感受，听事实，听意图。

比如，孩子说："今天真倒霉，作业特别多！"

千万不要立刻用理智脑去纠正孩子，而要先调用元情绪，把自己的情绪调整好，然后和孩子进行共情，抓住这个情绪管理训练的机会，用3F倾听法。

听感受：孩子觉得很倒霉，肯定有些烦躁。

听事实：今天的作业很多，应该比前几天都要多。

听意图：通常是需要进一步去询问孩子的。你可以用照镜子的方法来引导孩子讲出更多的信息。

比如，"昨天作业就挺多的，今天还要更多？"或者"作业那么多，是不是担心写不完呀？"等。总之就是重复孩子的话，并且讲出你观察到的现象。

这个时候，孩子不仅在情绪上能够接纳你，而且也愿意分享更多的信息，而你可以从中判断和分析出孩子的意图或者需求是什么。

比如，他就是单纯吐槽一下作业太多或者他今天已经很累了，抑或是今天换了一个新老师，安排的作业比其他老师多，他有抱怨的情绪。

总之，通过照镜子和3F倾听法，我们一方面和孩子建立情感连接，另一方面理解孩子情绪背后的意图，从而为接下来调整孩子的情绪打下基础。

四、Express：帮助孩子表达情绪

我们倾听完孩子的情绪，建立好情感连接，也理解了孩子内心的需求，接下来进入第四步，帮助孩子表达情绪，也叫给情绪命名。

因为情绪的种类有很多，而孩子是无法准确地分辨这些情绪的。如果无法分辨，那么就很难进行正确应对。所以，我们需要明确地告诉孩子现在的情绪状态是什么，到底是难过，还是自卑；是嫉妒，还是害怕。

所以，第四步就是让孩子准确地知道自己现在的情绪叫什么。这样，孩

子未来遇到类似的情况时，他更容易判断自己经历的是什么情绪，应该用什么样的方式来处理。

比如，前面的案例提到，弟弟也想要自行车，觉得不公平，你可以告诉他，这叫嫉妒。这样以后他遇到类似情况时就知道："哦，我可能又开始嫉妒了。"他也会回想起之前是怎么处理这一类情绪的。

当然，我们可以让孩子学着辨认不同的情绪，帮他建立自己关于情绪表达的词汇库。孩子越能准确地表达自己的感受，越能更好地应对这些不同的情绪。

五、X：引导孩子独立解决问题

最后一个步骤叫引导孩子独立解决问题。我用X来表示，意味着当我们放手让孩子试着自己解决问题的时候，孩子会给我们非常多的惊喜。

具体如何做呢？有以下三点。

1.划定行为界限

划定行为界限，是指我们对于孩子的行为到底是对还是错，要给出明确的判断和评价。比如，孩子因为不开心，和别人打架了。家长可以认同他不开心的情绪，但是要让孩子明白，打架的行为是错误的，是不被接受的。

前段时间，我们发现老大很喜欢用一句话跟弟弟交流，就是"你真行"。这句话明显是带着嘲讽的语气的。后来我问老大跟谁学的，才知道他们班有一个新来的老师，很喜欢这么评价孩子，他们就都学会了。这显然是错误的。

所以，那天我听到他又在说这句话的时候，我就跟他划定了行为的界限，我跟他说："爸爸理解你在和弟弟说着玩，但是这种话会对别人造成伤害，是有嘲讽的含义的，别人听完之后会不舒服，所以以后不要再用类似的话去评价别人了，好不好？"

小家伙听完之后，一直点头，而且以后再也没有说过。很多时候，真的是"孩子说者无心，家长听者有意"，我们先接纳情绪，再告诉孩子行为界限在哪里，是非对错是什么，这就可以了。

这里给大家提供一个很好的方法，那就是开家庭会议。

全家人一起，讨论一个行为规范出来，哪些事情不应该做，哪些话不应该说，一定要让孩子一起参与进来，让他们把对家长不满意的地方讲出来，这样就能形成一个《家庭行为规范》，从而很好地辅助我们完成行为界限的划定，从而更好地完成情绪管理训练。

2.确立目标

我们理解了孩子情绪背后的意图，可以询问他，针对这个问题，他希望得到什么样的结果，他的目标是什么？

比如，孩子在学校和同学闹别扭了，很伤心。那么，你可以问他："你希望的结果是什么呢？"孩子可能会说："我希望能够开心地一起玩。"这就帮助孩子意识到自己的目标是什么，而不至于跑偏。

比如，孩子觉得写作业很烦，那么，你可以问他："你希望的结果是什么呢？"孩子可能会说："想赶紧把作业写完。"这样他的目标就很明确了，自己也不会乱。

孩子如果说："今天不写作业了。"那也没关系，我们继续问："如果你不写作业的话，明天的结果你自己可以接受吗？"孩子说："可以接受，大不了明天被老师骂一顿。"我们再问："被骂一顿的话，你真的可以接受吗？"孩子不说话了，最后跑过来说："爸爸，我还是赶紧把作业写完吧。"

很多时候，你先接纳孩子的情绪，等他平静之后，和他一起明确他自己的目标，把主动权交给他，让他知道这个目标是他自己的目标，而不是家长的目标，孩子自然会想办法完成的。

3.寻找解决方案

确立目标之后，就是和孩子一起寻找解决方案了。

最好把主动权交给孩子，去启发和引导孩子进行头脑风暴，让孩子可以天马行空地提出自己的解决方案。

在一开始就告诉孩子，没有什么方法是愚蠢的，鼓励孩子去尽可能思考出不同的解决方案，再从中进行选择。

　　也可以在旁边把孩子的方案写下来，这样可以让孩子感受到家长对他的重视。

　　如果孩子在思考过程中卡壳了，这个时候，可以介入其中帮助他。给家长提供一个很好的方法：尝试把你过去经历过的，和孩子遇到的问题很相似的一个成功案例分享出来，鼓励孩子沿着这个思路去寻找相似的解决方法。

　　当孩子已经穷尽所有的想法之后，家长可以协助孩子来选择和敲定最终的方案，并帮助孩子安排好具体的行动计划，让方案顺利执行。

　　如果方案最终没有成功，也需要坐下来和孩子一起分析失败的原因，重新确立新的方案。这里一定要让孩子明白，每一次的尝试都是重要的，这是学习和成长的必经过程。家长陪着孩子一起尝试、一起失败，再一起努力争取成功。无论是对家长还是对孩子来说，都是巨大的成长。

第四节　孩子情绪管理训练的三个补充建议

向大家分享三个关于孩子情绪管理训练的建议。

一、什么时候不适合进行情绪管理训练

如果遇到以下五种情况，可能不适合对孩子进行情绪管理训练，我们可以换一个时间。

第一，当你赶时间的时候，本身已经自顾不暇，情绪管理的难度自然会加大，而且效果也不一定好。

第二，当有旁人在场的时候，最好能够一对一，让孩子有安全感。尤其是二孩家庭，处理孩子之间的矛盾时更是如此。否则你和老大共情，老二一听就不干了。

第三，当你太累或太难过而不能进行有效指导的时候，先缓一缓，对自己进行暂停隔离。

第四，当孩子犯了严重的错误时，可以适当推迟你的共情，明确告诉他，这件事是错的，而且要表达你的愤怒和失望。这样做不是为了贬低孩子，而是向孩子表明你的情绪，以及你的价值观。

第五，当孩子很平静，没有情绪波动的时候，有些家长可能迫不及待想

尝试一下这些方法。孩子本来玩得挺开心的，你拿着模型一个一个测试，其实是没必要的。

二、家长情绪崩溃了，应该怎么办

这种情况在任何一个家庭都会发生，哪怕是已经掌握了情绪管理方法的家长，哪怕已经是情绪管理专家，也会如此。

《正面管教》的作者简·尼尔森已经是全球著名的育儿专家，但她在书里分享的一个故事，就是她没能控制好自己的情绪，对她的女儿大吼大叫。

然后她女儿就跑回房间，拿出尼尔森的书，在上面写下：骗子，骗子。孩子觉得母亲自己都做不到，谈何去教别人育儿？真是个骗子！

在教育孩子方面，这几乎是每个家庭的现实情况，根本就没有完美的情绪管理策略。向大家分享四点：

第一，无条件接纳自己。尼尔森都办不到，你没办到也很正常。

第二，事后可以向孩子道歉。你的一句"对不起"，其实给孩子的感受是非常震撼的，而且也能很好地锻炼孩子的情绪感知能力和社交能力。

第三，跟孩子分享你的情绪原因。你可以坦诚地告诉孩子，自己可能因为最近太忙了、太累了，导致情绪失控了，希望孩子理解。

第四，真诚地向孩子求助。前面的章节说了，孩子是需要价值感的，当他听到你说向他求助的时候，他是非常乐意帮忙的，而且是高度重视的，其自我认同感也会提升。

所以，以后如果遇到情绪崩溃的情况，不要给自己压力，也不要苛责自己或者过度后悔，按照以上四点尝试和孩子进行沟通。相信我，孩子真的太爱你了，百分之百会选择原谅你，而且，会为你赋能。

三、情绪管理训练能否100%解决情绪问题

情绪管理训练，一定可以改善亲子情绪管理水平，但没办法做到让你从此不再有情绪问题。因为人的情绪本身是非常复杂的，是没办法像数学一样

精确计算的。

但是，情绪管理训练有一个非常大的优势，就是它的效果一定是伴随孩子一生的。当他持续接受情绪管理训练后，掌握了觉察和管理自己情绪的能力，知道如何进行自我调整，如何保持专注，如何与同伴相处，如何应对负面情绪，这本身已经是一笔巨大的人生财富了。

所以，我们追求的不是完美的情绪管理策略，而是让情绪管理为我们的终身成长保驾护航。

本章作业

一、结合第一节分析一下你在回应孩子的情绪时，倾向于哪一种，或者存在哪一种类型的情况。也可以写一下具体的案例，这样可以更好地帮助自己做剖析。

二、结合第二节分析一下你的孩子属于哪种气质类型。

三、请对照ROLEX模型，找出对你来说印象深刻或者收获最大的1—3个方法，并分享你的思考和收获。

04

〉 第四章 〈

安全感是孩子面对世
界的心理防御工具

在孩子成长过程中非常重要的一点是：安全感。

缺乏安全感其实不是一种典型的情绪，但是，它的缺失会让孩子出现各种混合的负面情绪，比如，缺乏安全感的孩子可能经常感到恐惧、害怕，也会感到悲伤、失落，还可能自卑、叛逆。

接下来，我们一起来探索如何提高孩子的安全感，以及对于缺乏安全感的孩子，父母应该如何应对和处理，才能使孩子成为一个阳光健康、积极乐观的人。

第一节　什么是安全感

一、安全感的定义

到底什么是安全感，我们先来看看心理学上的定义：

安全感是一种从恐惧和焦虑中脱离出来的信心、安全和自由的感觉，特别是满足一个人现在（和将来）各种需要的感觉。（阿瑟·S. 雷伯 著，李伯黍 等译：《心理学词典》，上海：上海译文出版社，1996年，第765页）

学术定义通常不好记忆和理解，我想用一个画面来给大家解释安全感。

大家回想一下，你小时候学骑自行车的经历，或者你教自己孩子骑车的经历，这其实就是对安全感非常好的解释。

孩子刚开始学骑自行车，肯定会害怕、会焦虑、会逃避，所以要求父母必须扶着后座，千万不要松开手。只要父母扶着后座，孩子就会很勇敢地往前骑。

等孩子快学会的时候，父母可能就会松开手，但还是会一直跟着孩子，而且假装依然在扶着车。还会跟孩子说："放心骑吧，我抓着呢。"孩子知道自己有父母保护，就会放心大胆地继续骑。

接下来，会有两种情况发生。

第一种情况：孩子不熟练，马上要摔倒了。但是，因为父母在旁边，可以赶紧再扶住车，给孩子托底。这会让孩子建立一种对父母和世界的信任感，他相信，父母会一直保护他。

第二种情况：孩子不知不觉中就学会了骑自行车。而且他也发现了，原来不需要父母扶车，他也能够自己骑车。这会让孩子意识到，原来他是可以探索世界的，是可以学会新东西的。他建立了对外部世界的好奇，以及特别重要的，对自己的信任感。

注意，这才是安全感背后非常重要的两个点：一是让孩子建立对外部世界的信任感；二是让孩子建立对自己的信任感。

很多人一直说，安全感很重要，但是并没有理解它到底是什么。其实，安全感就是我们既相信外部世界的美好，也相信自己可以在未来变得更加美好。

这是安全感在我们人生成长过程中非常重要的一层底色。

二、安全感圆环模型

刚才讲的这两个方面，同样是有理论支撑的，叫安全感圆环。安全感圆环可以非常形象地让我们理解安全感对于孩子的重要性。

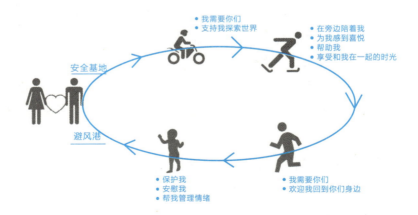

上图中有一个圆环，圆环左侧的那两个人，是孩子的父母。孩子会离开

父母去外部世界探索，也会回到父母身边寻求安慰。这样，这个圆环就闭合了。我们可以把这个圆环分成上下两个部分来看。

上半部分代表着父母是孩子探索外部世界的安全基地。

孩子相信，父母是支持他的，是一直守护着他的。所以，他要勇敢地去学习新的知识，结识新的伙伴，接受新的挑战。

父母要做的就是告诉孩子：我们会永远支持你、保护你、帮助你，我们也很享受和你在一起的时光，也愿意分享你成功的喜悦。

下半部分代表着父母是孩子遇到困难和挫折时，寻求安慰和保护的避风港。

孩子相信：哪怕我失败了，我很痛苦，我很伤心，那也没关系，因为我的父母永远在为我托底，可以保护我。

而父母要做的就是及时给孩子回应，张开怀抱，给孩子无条件的爱，给孩子安慰和保护。

通过安全感圆环，我们能够更深刻地理解安全感背后的两层意义。再重复一下：安全感，就是让孩子相信这个世界是美好的，也相信自己是可以变得更加美好的。他们会更加积极乐观地和这个世界相处，去享受探索世界的乐趣。

三、缺乏安全感的表现

那些缺乏安全感的孩子常常会表现为：

要么非常黏人，要么太过独立；

过度追求完美，不能接受失败；

讨好型人格，过度察言观色；

在社交过程中胆小退缩，对他人多持防备的态度；

非常在乎他人的认可与评价，一旦失去外界反馈，就会变得悲观消极；

攻击性很强，外表看起来强悍，内心却很脆弱。

需要说明的是，并不是说，有上述任意一种行为的孩子就一定缺乏安全感。行为之下的根源千差万别，有些行为只是孩子的性格使然，有些行为则是孩子在成长过程中的一些阶段性问题。

总的来说，缺乏安全感的孩子，对这个世界是缺乏信任的。他们对关系不信任，担心被伤害，担心自己不被爱，担心下一秒就会有坏事发生，而这样的心理状态又会被带入其成年生活中。

有人说，幸福的人一生都被童年治愈，不幸的人一生都在治愈童年。

可以说，培养孩子的安全感是父母养育孩子的过程中非常重要的议题。

第二节 安全感的来源——依恋

三种不同的依恋关系

安全感来自哪里呢？这里给大家补充一个心理学方面的知识点，叫依恋。

所谓依恋，是指人对生活中特定的人物，产生的一种强烈而深刻的情感连接。在我们痛苦、不安、沮丧时，依恋系统会被激活。

对于孩子来说，和父母，尤其是和妈妈之间那种强烈和紧密的情感联系就是依恋。当然，我们和伴侣也会形成依恋关系。

健康的依恋是孩子安全感的来源，而不健康的依恋会带来不安全感。心理学家对依恋进行了分类，一共有三种类型。

第一种类型是健康的依恋关系，叫安全型依恋。

拥有这种依恋的孩子在陌生环境下会把妈妈当作安全基地，勇敢地探索周围环境。妈妈在场时，孩子会主动去探索；妈妈离开时，孩子会产生分离焦虑；妈妈返回时，孩子会以积极的情感表达依恋并主动寻求安慰。

第二种类型叫焦虑—反抗型依恋。

拥有这种依恋的孩子在陌生环境下会显得非常焦虑，即使妈妈在场，也很难主动地去探索周围的环境。妈妈暂时离开时孩子会显得更焦虑、苦恼，反抗得特别厉害。而等妈妈回来之后，他想向妈妈寻求安慰，但又生气，甚至抗拒妈妈的安慰和接触。他的行为表现出一种愤怒的矛盾心理，对妈妈缺乏信心。

第三种类型叫焦虑—回避型依恋。

拥有这种依恋的孩子在陌生环境下，妈妈是否在场对他的探索行为都没有影响。妈妈离开时，孩子不会表现出明显的分离焦虑；妈妈返回时，孩子也不主动寻求接触，而且妈妈接近时，孩子反而会转过身去，回避妈妈的亲密行为。

第二、第三种依恋类型，就属于不健康的依恋关系。

健康的依恋关系其实是一种平衡，父母既敢于放手，让孩子去勇敢探索世界，同时也能够做好托底，当孩子遇到困难的时候，给他足够的安慰和帮助。

第三节　如何提高孩子的安全感

到底应该如何做，才能提高孩子的安全感呢？可以分两部分来说，第一部分偏向于原则方面，叫三根核心支柱；第二部分是具体的实操方法，叫行动指南。

一、提高孩子安全感的三根核心支柱

在安全感圆环中，父母既要做孩子的避风港，也要做孩子的安全基地；既要给孩子足够的爱和支持，也要让孩子敢于去探索外部世界。那么，可以从以下三个方面入手。

1.构建亲密和谐的夫妻关系

我们说的安全感是给孩子的，但是我们最应该做的、最关键的，也是最有效的方法，是构建亲密和谐的夫妻关系。之前提到，在家庭教育"345模型"的4种关系中最核心的就是夫妻关系。

我们既然是孩子的安全基地、避风港，那么我们自己必须首先是足够安全和稳定的。如果夫妻关系出现了裂痕，而且这种裂痕影响到了孩子，那么孩子在那个安全感圆环中就会非常迷茫。当他想要出去探索世界的时候，扭头发现父母正在吵架，便会放弃出去探索，因为父母的问题都还没有解决，自己就别再去烦他们了；或者，孩子想要寻求父母的安慰时，发现父母正处于冷战状态，便放弃寻求安慰了，因为父母可能比自己还痛苦，还是别去烦他们了。

如果夫妻关系本身就是割裂的、不安全的，那么孩子的安全感也将无处安放。

关于夫妻关系这个话题，讲三个核心点。

第一，让自己变得更好，相信近悦远来的力量。

很多时候，夫妻关系平淡也好，出现隔阂也好，甚至出现裂痕也好，都是因为两个人进入了一种惯性相处的模式，就是两个人都觉得，遇到一件事就应该按照原来的模式去处理。

比如说，送孩子上学，就应该是妻子去做；或者，周末就应该在家里待着休息；抑或是，过年就应该回老家。总之，我们在多年的婚姻当中，逐步建立了一种不成文的规则，然后两个人就按照既定的规则去执行。

但是，生活是需要主动去设置一些变化，才能创造一些期待感和新鲜感的。而让彼此间关系出现变化的最好方式，一定是先去改变自己，让自己变得更好。你可以尝试健身跑步，可以尝试进入新的圈子，可以解锁一个新的技能。总之，当你自己发生变化，而且是变得更好之后，一定会遵循一个规律，那就是：近悦远来。

你开始变得积极主动，开始变得更好后，伴侣会惊讶地发现你的改变，并被你影响和吸引。

有一位姐姐，她之前和老公的关系很差，整个人的状态也不好。但是，她在自律训练营里减了十几斤，开始早起给老公和孩子做饭，开始认真地对待自己的工作和生活，她老公竟然送给她一部最新款的手机作为礼物，这是很多年来都没有过的。她老公和孩子都觉得她变了，变漂亮了，更努力了。

让自己变得更好，是改善夫妻关系的关键一步。因为，人都是会被优秀吸引的，当你主动改变自己之后，和你每天朝夕相处的人一定会发现和感受到，进而被影响到。

　　第二，如果不爱了，那就去爱他/她。

　　这句话出自《高效能人士的七个习惯》。当时有一位男士找到史蒂芬·柯维，说："我想离婚，因为我不爱她了。"柯维说："那就去爱她。"那个人很纳闷，"你是不是听不懂我说话，我说'我不爱她了'。"柯维依然回答："那就去爱她。"

　　爱不是一种感受，而是一种动作。当你把爱当成一种动作之后，你考虑的，是我能够为他/她做些什么。但如果你把爱当成一种感受的话，就会一直在想，他/她为我做了什么。

　　但是，很多人会说，凭什么是我先爱他/她，为什么他/她不能先爱我？爱是相互的，可相互就意味着一定会有一方是引领者。如果你是爱他/她的，那不叫妥协，你是他/她爱的引领者，你比他/她更成熟、更懂得爱。所以，你主动选择去引领他/她，去为他/她做些什么。

　　相信我，当你把着眼点放在"爱是动作，而不是感受"的时候，一切会发生变化。

　　第三，回想闪光的过去，畅想美好的未来。

　　既然你们选择在一起，进入婚姻，有了自己的孩子，那么你们在婚姻生活当中，一定是有很多闪光的回忆的。当你们之间出现隔阂，出现吵架的时候，试着回想一下你们之间美好的记忆，甚至可以把这些闪光记忆写下来、画出来，构建一个画面。我跟妻子也会闹别扭，也会吵架，有时候，真的是有那种"啊，气死了"的感受。但是，一想到我们曾经在一起的很多美好的画面，整个人就会平静很多。

　　而且，我们会主动地设置一些方法，两个人一起去构想我们的未来。比如，我们俩会想象等退休了去山里支教，或者两个人一起去国外再上个学。包括近期的，过年假期怎么过，孩子小升初之后的暑假去哪里玩等。还有，我们前段时间两个人状态都很不好，压力也很大，我们就制订了一个支棱计划，每天晚上素颜无滤镜拍一小段视频，就说说当天的感受，还有播客等，这也是非常好的交流方式。

总之，两个人要主动去设置一些场景，把一些美好的东西植入场景当中，在脑海中强调这些美好，将两个人绑定在一起，这样会很好地改善两个人的关系。

2.享受对孩子的高质量陪伴

第一，和孩子一起设置Family Time，也就是家庭时间。我家因为我和妻子平时都比较忙，我周末会加班，但是每周必须有一天有Family Time。我们会和孩子一起开家庭会议讨论并规划去哪里玩，比如看个电影、出去露营、邀请小朋友来家里做客、参观一个新的博物馆等。总之，让孩子参与到制定规划的过程当中，既能够提高陪伴的质量，也能让孩子有参与感和胜任感。

第二，放下手机，全身心陪伴。我家有个规定，如果是陪孩子，就要放下手机只陪孩子。其实孩子是很敏感的，你的心不在焉他都能感受到，而且他会觉得，是不是工作对父母来说要比他更重要。而且，你一边看手机，一边照顾孩子，其实两边都做不好。如果你确实有事情要忙，不用担心孩子失望，你可以跟孩子说，你现在正在忙一件什么事，这件事比较着急，也比较重要，等做完之后，你就可以全身心陪他玩了。相比你心不在焉，孩子反而更乐意接受这种方式。

第三，正确地回应孩子的情绪。这部分其实就是亲子情绪管理的核心内容，情绪管理部分对于孩子的安全感建立非常关键。

3.不吝啬对每个家庭成员的夸奖与鼓励

注意，这里说的是每一个家庭成员，不仅有孩子，还有自己的伴侣。有一句话，送给大家：任何批评都有刺痛感，任何夸奖都有赋能感。

很多人会觉得，对方做的这么一点小事不用夸奖。错，一点点夸奖，对方都是超级受用的。这个和年龄无关，和事情大小无关。换句话说，既然你觉得这么点小事不用夸，那么对方因所做的事情被批评，事情就真的很大吗？

为什么我们更愿意批评呢？因为批评更简单。而家庭成员之间的关系，就像一个账户一样，你的一句夸奖相当于存了一笔钱，你的一句批评相当于花费了一笔钱。我们可以想一想，你每天给自己的家庭关系存了多少钱，花了多少钱呢？

而且，过度的打压和批评，会让孩子在探索外部世界的过程中经常自我怀疑，这非常损害安全感的建立。

我家每个人都是"夸夸团"，就是互相夸。当然，关于夸奖和鼓励也有具体的方法，比如，不要夸孩子聪明，要夸努力等。

二、七天提升孩子安全感的行动指南

结合前面的三个方面，给大家提供一个七天提升安全感的行动指南。建议大家选一个合适的时间，尝试这七件事。如果一周连续做完，当然最好；如果时间上不合适，也可以适当地延长一些时间完成。

第一天：为爱人做一件小事。

具体什么事情由你来定，可以是一顿很久没有做的爱心早餐，或者是帮他/她选一件小礼物，或者打印一张你们恋爱时的照片，完全可以发挥你的主观能动性。总之，爱是一种动作，我们需要去引领对方。

第二天：对爱人说"谢谢"和"对不起"。

这对不少人来说可能比较难，但是，这两句话对于亲密关系的建立和重塑非常有效。我要向你表达感谢，为什么感谢？我要向你说对不起，为什么道歉？婚姻当中，一定会有需要感谢对方的地方，也一定会有需要向对方道歉的地方。试着真诚地讲出来，可以迅速拉近你们之间的关系，也会让你重新思考你们之间的关系。

第三天：和孩子一起玩游戏。

我们可以尝试去网上找一些游戏，或者买一些游戏卡牌，带着孩子一起玩。前段时间，我跟孩子一起玩大富翁的卡牌，真的太开心了。我家有一些保留游戏项目，比如对战，就是我跟孩子在床上打架……虽然真的挺疼的，但是孩子超级喜欢。还有，最近我计划带他们出去露营，小朋友们很期待。

第四天：对孩子说"谢谢"和"对不起"。

　　这一条和第二条类似，只不过是对孩子说。谢谢孩子，可能是因为他最近的一个进步，或者是他做了一件小事，或者感谢他的出生带给我们的成长。一句"谢谢"，会让孩子感受到巨大的成就感和价值感。向孩子说"对不起"，是特别好的提升孩子安全感的方式，因为你向孩子道歉的那件事，很有可能正在孩子心里发酵，担心父母是不是因为这件事儿一直责备自己，甚至不爱自己。

　　第五天：给爱人写一封信。

　　第六天：给孩子写一封信。

　　通过写信这种充满仪式感的方式，把你心中可能藏了很久的话或者不好意思说出口的话写下来，去回溯你们的过去，畅想你们的未来。写信本身是对回忆的一种梳理，同时也是对亲密关系的一种刷新。

　　第七天：开家庭会议，制定你们的Family Time。

　　我家会不定期地召开家庭会议，尤其是一些重要的决定，都会和孩子一起去商量和讨论，让他们参与到家庭的决策中。前段时间，我们要考虑搬家，就开了家庭会议和孩子讨论，可能孩子的想法不够成熟，但这不重要，关键在于让他们感受到参与决策的过程，感受到自己是家庭中非常重要的一员，这同样可以很好地提升孩子的安全感。

第四节　关于安全感的四个误区

了解完提升孩子安全感的方法，接下来，还需要了解关于安全感的四个误区。

误区1：孩子两三岁前缺乏安全感，未来一辈子都会这样

网上有一种说法，认为孩子两三岁之前是建立依恋关系的关键时期，如果这期间没有建立好，孩子的一生可能都会缺乏安全感。

千万不要被这种说法吓唬住，我一直在说，一定要有成长型思维，无论是大人还是孩子，任何时候都能够发生改变。孩子两三岁时，父母可能因为这样那样的原因，无法陪伴在孩子身边，或者在对孩子的教育上，不够科学，但这不代表接下来的教育就没什么用了。

我小的时候，有相当长的时间都是奶奶带的，但我是一个安全感很强的人。我记事以来，父母给到我的那种托底的感觉是非常温暖的。任何时候都可以发生改变。

误区2：孩子太黏妈妈了，就是没有安全感

孩子黏妈妈，恰恰证明孩子是有安全感的。如果不黏妈妈，孩子的依恋关系反而可能出现问题。

所以，小朋友自己玩一会儿就会去找妈妈，抱一抱，亲一亲，"烦一烦"妈妈，证明孩子是把妈妈当作最信任的人。等孩子慢慢长大之后，他会越来越倾向于去外面探索和寻求挑战，找妈妈的时间自然就会变少了。

误区3：孩子没有安全感，是妈妈的责任

这是一个特别大的误区。我妈妈也有这种误解，因为她发现，我妻子不在家的时候，我家两个孩子好像一直都玩得挺好的；一旦我妻子回到家，孩子就特别容易出现一些情绪问题，比如哭闹。

相信很多妈妈都有这种感受。但这并不是妈妈的问题，而是因为孩子从出生起，他的依恋关系就是跟妈妈建立的，其他人是很难代替的。所以，他在妈妈面前就会更加肆无忌惮一些，因为他足够爱妈妈，对妈妈足够信任！

孩子一天都没见到妈妈，妈妈下班到家，当然会想方设法寻求妈妈的安慰，所以，一定不要把这个"锅"甩给妈妈。

误区4：原生家庭不好，对孩子一定会有负面影响

原生家庭确实会对一个人有很大的影响。但是，有些人会把原生家庭当作挡箭牌，心安理得地把所有的错误归结到原生家庭上，导致自己无法成长和改变。有些人也会担心因为自己和父母的依恋关系不够好，可能会把一些负面的东西带给自己的孩子。

这是一个特别大的误区。

这里给大家推荐一部美剧，叫《我们这一天》。你会发现，同样的原生家庭，不同的人生态度会带来完全不同的结果。所以，关键还是在于我们能不能坦然地去面对已经发生的事情，并把时间和精力投注到那些我们可以改变和控制的事情上，而不是沉浸在那些无法改变的事情上。

本章作业

请写出本章中你印象深刻或者收获最大的1—3个知识点，并分享你的思考和收获。

05

> 第五章 <

内心的恐惧是孩子
对环境的不适应

　　恐惧、害怕这一类情绪，是人类最原始的情绪。人类的祖先生活的世界，周围都是各种野兽，而恐惧、害怕情绪，是对周围环境中潜在危险的一种自然反应，可以让人类祖先时刻保持警惕，迅速地识别和逃离这些危险，从而确保自身的安全。

　　相比大人，孩子更容易恐惧，因为他们对于外界刺激的敏感度和警惕程度要高得多。我们觉得很平常普通的事情，可能孩子会非常害怕，也会表现出一些过激反应。他们需要父母的支持和陪伴，来理解和克服恐惧情绪，构建安全感，从而勇敢地去探索外部世界。

　　所以，我们要想帮助孩子更好地应对恐惧情绪，首先要梳理一下不同年龄段的孩子通常害怕什么，以掌握孩子在成长过程中恐惧情绪产生的原因。

第一节　孩子恐惧、害怕的原因

通常情况下，孩子恐惧、害怕的原因，主要有以下三个方面。

一、认知水平受限

孩子相比大人，对于很多事情的理解，没有对应的知识和经验，所以会出现一些认知上的偏差，导致他们恐惧、害怕。在父母看来，可能是特别小的一件事情，但孩子就会把这件事放大，害怕得不行。

比如，孩子晚上睡觉，怕黑，担心有"怪兽"出现等。或者观看和接收了一些恐怖的信息，比如看了一个短视频、一部电影，他们无法判断这些东西是否真的存在，认知上是无法理解的，进而产生了恐惧情绪。

我家老大，有一段时间，特别害怕马桶冲水时那个漩涡，每次上厕所的时候，都不断地跟我强调："爸爸，你先不要冲水，等我出来了你再冲！"

我当时就很纳闷，孩子要是两三岁，害怕很正常，但当时他已经6岁了，为什么还怕这个呢？甚至，我还做过一件错事，想练练他的胆量，没等他出来，就故意冲水。结果，孩子真的被吓哭了。

后来我跟孩子交流，问他害怕的原因是什么，才知道他之前看过一本书，讲的是马桶的虹吸效应会让周围聚集很多细菌，所以他就特别害怕细菌会进入自己的身体。后来我跟他一起去查资料，告诉他只需要盖上马桶盖，定期消毒，就能远离细菌，没有他想象的那么严重。

之后，他就不再害怕冲马桶这件事了。

当孩子对于一件事情的理解和认知不够全面时，他的想象力会把一些东西放大化处理，从而产生恐惧、害怕情绪。

认知水平受限导致的恐惧、害怕，是最常见的一种情况。

二、模仿周围环境

孩子的模仿能力是非常强的，而且孩子对于父母的状态非常敏感，并且偏向于模仿父母的一些反应。

之所以说孩子是父母的复印件，就是这个原因。父母是孩子最愿意去模仿的对象。

所以，很多孩子的恐惧情绪，可能是父母恐惧情绪的一种投射。比如，父母害怕蟑螂，孩子多半也会害怕；父母害怕小狗，孩子也会觉得狗是一种非常危险的动物；父母在陌生场合不愿意多说话，孩子可能也会有样学样，害怕当众讲话。

再比如，有些小朋友可能被欺负了，父母不但没有安慰孩子，反而对孩子说："以后我们离他远一点，当心他再欺负你。"这些话可能会让孩子感觉和小朋友交往这件事存在很多的未知，可能会被欺负，于是孩子就会倾向于减少社交。

所以，我们在孩子面前，要特别注意自己的言行和处理方式，时时刻刻记得，我们是孩子的一面镜子。

三、压抑或溺爱教育

无论是压抑强迫型，还是放任溺爱型，都会加重孩子的恐惧情绪。

我们先来看看压抑强迫型。

孩子害怕一件事，但是父母并没有接纳孩子的这种情绪感受，反而强迫孩子独自去面对，这会加重孩子的恐惧情绪，使孩子产生强烈的不安全感。

就像前面提到的我家老大害怕马桶冲水的案例，我当时的做法就是极其错误的。很多父母，尤其是爸爸，特别喜欢给孩子练胆，完全不理会孩子的情绪，觉得就是要给孩子一些挫折，强迫孩子去面对，但这种做法只会让孩子更加害怕，最后挫折教育的效果也不好。

还有一些父母喜欢吓唬孩子，看见孩子太磨蹭了就说："你赶紧穿衣服，不然我揍你。"或者已经走在路上了，父母还在说："你走快点，不然后面小狗把你叼走了。"孩子吓得赶紧加速。这种吓唬的方式，看上去有效果，但孩子的恐惧心理可能会加重。

再来看看放任溺爱型。

有些父母照顾孩子真的是小心翼翼，生怕出一点问题，过度保护孩子，可即便是这样，孩子内心的恐惧感也很难消失。因为孩子会感觉自己是弱小的，是没有应对恐惧的能力的，所以遇到一些害怕的事情，就会倾向于逃避和退缩。

总的来说，无论孩子的恐惧因何而起，都要注意，即使孩子已经远离危险源，他的恐惧感受还会一直跟随着他。并且，很容易在类似的场景下再次被触发，从而感到恐惧。其实，这就是孩子缺乏情绪管理能力的表现。

那么，我们作为父母，应该如何帮助孩子调节和管理恐惧、害怕情绪呢？

第二节　当孩子恐惧、害怕时，我们应该如何帮助孩子

一、ABCDE模型和ROLEX模型的结合

之前我们重点讲了两个关键模型，第一个，是调节我们自己情绪的ABCDE模型；第二个，是帮助孩子调节管理情绪的ROLEX模型。

对于孩子不同的情绪状态，我们都可以利用这两个模型进行实践。换句话说，亲子情绪管理最关键的两个部分都可以用这两个模型来处理：先调节好自己的情绪，再帮助孩子调节情绪。

这样，就会形成一个亲子情绪管理的整体流程图：

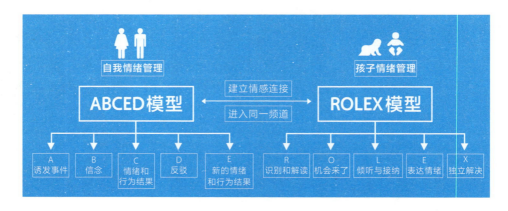

上图中，左边是我们利用ABCDE模型进行自我情绪管理，右边则是我们利用ROLEX模型帮助孩子学习如何做情绪管理，而中间的桥梁则需要我们和孩子共情，建立情感连接，和孩子进入同一个频道。

无论孩子遇到哪种情绪，首先要确保自己的情绪状态是稳定的，然后再和孩子共情，帮助孩子应对他的情绪。

二、如何应用两个模型进行情绪管理

关于这两个模型，需要注意几个使用的原则。

1.根据实际情况，灵活选用模型

这两个模型一共有10个步骤，但并不是说，我们每一次在面对孩子情绪的时候，这10个步骤都要完成。我们要根据实际情况，来选择对应的模型。

比如，孩子出现恐惧情绪了，看上去特别害怕，但这个时候，我们自己的情绪是没有问题的，那么跳过ABCDE模型，直接进入ROLEX模型就可以了。

反之，如果孩子因为一件事感到害怕，你觉得很生气，"孩子怎么这么胆小？"这个时候，你就要按照ABCDE模型，先把自己的情绪处理好，再来帮助孩子应对情绪问题。

2.先刻意练习，再适当删减，保持足够耐心

对于这两个模型，我们在刚开始使用的时候要尽可能对每一步做拆解和练习，熟悉之后，再根据实际情况，对一些步骤进行删减。

比如，ROLEX模型中，前面的四个步骤基本上都是和孩子共情，去觉察和接纳孩子情绪的步骤，而你已经很好地完成这部分工作了，孩子也已经比较平静了，那么可以跳过前面的几个步骤，直接进入最后一步，帮助孩子解决问题。

3.情绪管理，不是一次性完成的，是需要长期训练的

情绪管理看上去好像是在解决我们或者孩子那一瞬间的情绪问题，好像只要自己或者孩子出现情绪问题了，可以迅速搞定，迅速让自己和孩子都保

持平静的状态，才叫好的情绪管理。

不，这是很大的误区。

很多时候，我们自己的情绪也好，孩子的情绪也好，都是长期形成的。绝对不是我们学到了这个方法，然后按照这个方法做一两次就有效了。我们需要给自己和孩子足够多的耐心，刻意练习，尽可能形成肌肉记忆，而且平时也要与孩子多进行交流和沟通，这样才能更好地完成对情绪的掌控。

所以，给自己一些耐心，也给孩子一些耐心，这一点非常关键！

第三节 实践案例：孩子经常做噩梦，醒来哭得厉害怎么办

一、ABCDE模型——家长自我情绪管理

首先，是进行自我情绪管理。根据ABCDE模型：

A：诱发事件。孩子做噩梦了，然后哭得很厉害。

B：信念。男孩子做个噩梦都哭，不是个男子汉；孩子的胆子太小，以后长大了可能会过于封闭内向，还有可能会被其他人排挤之类的。

C：情绪和行为结果。担心、害怕孩子在成长过程中会吃亏，或者直接开始责骂孩子："不就是做个噩梦吗？至于哭得这么厉害吗？"

D：反驳。调用自己的元情绪，从正面来思考，孩子出现害怕、恐惧情绪很正常，很可能是因为最近他遭受了一些惊吓，所以才会做噩梦。

E：新的情绪和行为结果。要尝试和孩子沟通，看看他需要哪些帮助，帮他战胜这个困难。

二、ROLEX模型——孩子情绪管理训练

使用ABCDE模型之后，我们基本上可以把自己从情绪脑状态调整为理

智脑状态，而且可以比较理性地看待孩子的恐惧情绪。接着，我们就要按照ROLEX模型来帮助孩子进行情绪管理训练，和孩子一起面对他的恐惧。

R：识别和解读。回忆一下，孩子最近有没有遇到什么困难，或者反思一下最近家长有没有给孩子过重的压力，同时也可以尝试和孩子进行沟通，询问孩子有没有什么烦心事，这样好给他提供帮助和支持。

O：机会来了。什么机会？可以帮助孩子学习如何调节自己的情绪，未来恐惧、害怕的时候，知道如何进行合理应对。

L：倾听与接纳。这里需要和孩子进行有效沟通。方法是"照镜子"，与孩子共情，建立情感连接，让孩子感觉你是站在他这一边，理解和支持他的。

比如，你可以说："那个噩梦一定很恐怖吧？我小时候也曾经做过一些噩梦，真的特别害怕。"孩子这时候可能会回应你，跟你说明噩梦的情况。接着，你可以继续引导："妈妈后来知道，做噩梦有时候是因为白天遇到了一些困难，解决了之后，就不再做噩梦了。你最近有什么困难吗？妈妈可以帮助你。"

孩子听完之后，可能就会顺着你的话，讲一讲他心里的想法。注意，这里我们可以使用3F倾听法，去听感受、听事实、听意图，从而了解孩子做噩梦、出现恐惧情绪背后的原因。

有可能是最近学校压力太大了，或者是最近被老师批评了，抑或是学校有同学欺负他了等。总之，可以通过"照镜子"和3F倾听法，与孩子心平气和地进行沟通，让孩子可以毫无保留地跟你分享他的感受、他心里的想法，逐步建立一种彼此信赖的安全型依恋关系。

E：表达情绪。我们可以告诉孩子，做噩梦是一件很正常的事情，白天的想法会投射到梦里。如果你白天遇到了一些让自己感觉恐怖或者害怕的事情，没关系的，这种情绪是正常的。只要我们正确处理，都可以解决。

X：独立解决。我们可以和孩子一起去梳理，可以做些什么来改善自己的恐惧情绪。比如，孩子提到，最大的困难可能是马上要考试了，很焦虑，害怕自己考不好。

那么，按照之前提到的，和孩子一起来确立目标，看孩子这次考试想要达到什么样的目标。我们可以问孩子，如果你想完成这个目标，需要做的事情是什么？有没有我们可以帮助和支持你的事情？有没有更好的方法可以提高你的成绩？

大家注意，这个案例是完整地把每一个步骤都进行了拆解，但是不同的情绪状态，对应的动作一定是有所区别的。

比如，关于如何跟孩子沟通，要根据孩子的实际情况来进行询问和引导。但是，"照镜子"和3F倾听法，都是有效的。

再比如，关于如何跟孩子一起找解决方案，不同的情绪状态、不同的事件，对应的沟通内容也会不同，但方法原则都是相似的。

大家需要不断进行练习，而且过程中一定会有那种不知道该怎么去说的情况。想表达但是词穷了，没关系，过后可以再去复盘和思考，尝试找到一些新的角度。持续的刻意练习，会让我们越来越熟悉整个流程，未来运用得会更加游刃有余。

本章作业

请大家结合本章的实践案例，按照相应的步骤来尝试解决下面孩子出现的恐惧情绪问题。

孩子已经10岁了，但是一旦遇到社交场合，就会紧张、怯场。结果，今天老师给家长打电话，说每次叫孩子回答问题，孩子都特别紧张，脸红得厉害，回答问题也是磕磕巴巴的。想帮助孩子提高社交能力，缓解这种社交恐惧。

ABCDE模型：

A：老师打电话，告诉你孩子存在社交恐惧的情况。

B：

C：

D：

E：

ROLEX模型：

R：

O：

L：

E：

X：

06

> 第六章 <

愤怒的外衣下是孩子受伤的心

本章讲解家长应该如何觉察和掌控孩子的愤怒情绪。孩子容易冲动，爱发脾气，这是令很多家长头疼的事情，但是只要掌握了科学合理的方法，孩子的愤怒情绪就会得到很好的管理。

第六章　愤怒的外衣下是孩子受伤的心 —— 125

第一节　愤怒情绪的特点

一、愤怒情绪更容易让情绪脑完全战胜理智脑

无论是哪一种情绪状态，都是符合之前提到的三脑理论的。但是，可能大家感觉最容易代入的，就是愤怒情绪。

很多家长在写情绪觉察日记的时候，很大比例都是在讲自己出现愤怒情绪的情况，或者是孩子出现了愤怒情绪。

这是极其正常的。因为愤怒情绪和其他的各种情绪相比，有一个很大的特点，那就是愤怒可以占据我们的全部头脑。换句话说，愤怒的剧烈程度要比其他情绪强很多，以至于一旦愤怒情绪出现，我们的大脑可能全部都被情绪脑占据了，理智脑很难上线。

二、愤怒情绪很难一直持续

愤怒情绪有一个重要的特点，那就是：看上去很激烈，但是它很难一直持续。

回想一下，孩子愤怒哭闹，你生气崩溃，那一刻会特别"上头"，就感觉这个事过不去了。但是，相比其他一些情绪，愤怒情绪很难一直持续，过

一会儿就平复了。

其他情绪，比如悲伤、难过、自卑、缺乏安全感，这些情绪看上去没有那么激烈，但是持续时间可能会很长。

愤怒情绪可以让我们肾上腺素飙升、肌肉紧张，随时进入逃跑或者反击的状态，是一种不需要用理性思考来控制的应激反应，可以确保人类的生存和繁衍。

而对应的，愤怒情绪对能量的消耗也是巨大的。你可以回忆一下，有没有出现过某个特别生气、崩溃的时候，等情绪平稳下来了，感觉特别疲惫，有一种身体被掏空的感觉。

这是因为愤怒情绪，尤其是那种瞬间爆发的愤怒，会快速消耗我们身体的能量。

这也使愤怒情绪来得快，去得也比较快，很难一直持续。

我们在遇到愤怒情绪，以及帮助孩子应对愤怒情绪的时候，给自己设置一个缓冲的时间和空间非常关键，这是之前提到的积极暂停的方法。

了解完愤怒情绪的特点，接下来，我们具体看看孩子愤怒的原因通常都有哪些，这样我们才能在遇到孩子愤怒时，理解孩子愤怒的原因，从而更容易和孩子共情。

第二节　孩子愤怒的四种原因

大家一起想象一幅画面，我们正围坐在一堆篝火旁边，那些火苗就是我们或者孩子的愤怒情绪，是什么让火苗一直燃烧呢？就是下面的柴火。

有了柴火才会有愤怒的火苗。所以，要想解决心中的怒火，最根本的方法就是要釜底抽薪。所以，我们需要了解孩子愤怒情绪背后隐藏的原因。

一、对自己的被忽视感

当孩子的需求无法被满足，或者被父母忽视的时候，他就容易出现愤怒情绪。比如，孩子想要一个玩具，但没有被满足，就可能会一直发脾气。比如，二孩家庭，一旦你把关注度偏向于其中一个孩子，另一个孩子可能就会生气。再比如，周末你陪伴孩子时一直在刷手机，孩子感觉不被重视，也会气冲冲地向你抱怨，或者用一些愤怒来表达不满，以寻求父母的关注。

这时，我们需要给予孩子足够的回应，成为他始终都会信任的人。

二、对自我表现的羞耻感

大家可以回忆一下，孩子有没有过因为自己表现得很差而特别愤怒的时候。比如，和同学一起跳绳，结果他跳得最差，就特别生气。比如，他考试没考好，然后父母又多批评了几句，可能孩子一下子就炸毛了。再比如，你带着孩子去参加辅导班或者其他一些活动，不停地提醒他应该怎么做，应该做什么，然后孩子就特别不耐烦。其实，孩子的这些愤怒情绪都来自他对自我表现的羞耻感。

跳绳不好，考试成绩不好，在众人面前被父母各种提醒唠叨，这都会让孩子因为羞耻感而出现愤怒的情绪。

我家老大5岁半时，我带着他去天津参加一个机器人大赛。比赛结束之后，我就说，咱们一起等结果吧，然后他就装作一副很无所谓的样子说："反正拿不拿奖无所谓。"但是，我发现，在公布名次的时候，他特别全神贯注。

最后很遗憾，孩子拿了一个优秀奖，算是安慰奖。小家伙一下子就崩溃了，特别生气，然后上台领奖状时，就不想上去，我和他交流了好久，他才同意。结果下台的时候，他直接把奖状扔一边了……

当时我真的是一口血都快要吐出来了，随后强制自己深呼吸，调整情绪，知道他表现得越激烈，其实是越伤心，越有那种对自我表现的羞耻感。

三、对未知的恐惧感

为什么恐惧也会表现出愤怒呢？因为，当周围的环境出现变化，要遇到一些新的挑战的时候，孩子会非常担心接下来会不会出现一些问题，然后就有可能用愤怒来表达情绪。

换句话说，对于孩子而言，因为不懂得如何表达自己的情绪，而愤怒情绪相对来说是比较直接的，所以，愤怒会更常见一些。

关键还是要理解孩子愤怒背后的原因，这是需要我们认真觉察和辨别的。

四、对父母的愧疚感

在讲依恋关系的时候曾提到，孩子真的是太爱我们了，他真的希望看到父母处于一种非常稳定、牢固、幸福的状态。

当孩子遇到困难，回头想要寻求父母安慰和拥抱的时候，他发现父母正在拿着小鞭子不停地喊："你给我再高点，再快点，再强点！"孩子就会对父母产生一种愧疚感。

孩子会觉得他让父母失望了，没有达到父母的要求，而这种愧疚感经常会以愤怒的情绪出现。当然，这种状态特别容易出现在压抑型教育的家庭当中，父母不去试着理解孩子的情绪，只是不停地提要求。

就像我们辅导孩子写作业，结果一检查，发现出错了，然后劈头盖脸就指责孩子："你怎么不认真听课啊？！""你怎么老是粗心啊？！"孩子就会特别烦躁愤怒。这种愤怒很大程度上来自孩子对父母的愧疚感。

如果用一句话来概括，那就是孩子的愤怒是一种求救的信号，他们担心自己无法得到父母的爱。

被忽视感、羞耻感、恐惧感、愧疚感，底层都是对爱的渴求和自我价值的肯定。如果孩子经常出现愤怒情绪，大概率是因为我们在教育孩子的过程中，孩子没有感受到足够的安全感和足够的自我价值。

面对孩子的愤怒，父母千万不要强硬地制止，要接纳孩子的愤怒情绪，同时也要反思，我们平时的教育中，是否给了孩子足够的安全感？是否给了孩子足够多的鼓励？是不是一味地打压、贬低？

接下来，我们进入实操部分，看一看父母应该如何应对孩子的愤怒情绪，以及如何帮助孩子应对愤怒情绪。

第三节 实践案例：辅导孩子做作业时，孩子崩溃、愤怒怎么办

解决方法依然是使用ABCDE模型和ROLEX模型。

比如，孩子写作业一直磨蹭，一会儿削铅笔，一会儿上厕所，终于坐在那里了，结果半个小时后他突然情绪崩溃了，开始用力地摔笔，大哭，因为他被一道数学题难住了。

然后，你过去看了一眼他已经做完的题，10道题错了一半，而且这些题都是你前一天晚上已经讲过一遍的同类型题。"啊，真的是气死了……"

面对正在崩溃大哭，而且错题无数的孩子，你应该怎么管理自己的愤怒情绪，以及帮助孩子调节他的愤怒情绪呢？

一、ABCDE模型——家长自我情绪管理

A：诱发事件——孩子写作业写得崩溃了，而且作业写得乱七八糟。

B：信念——昨晚给你讲了一晚上，结果现在又错成这样，你还在这里哭，我都想哭！

C：情绪和行为结果——生气、愤怒、失望，好想骂人，好想暴揍孩子一顿！

D：反驳——孩子其实也很想把作业写好，你看他自己不会做题，就开始愤怒、崩溃，说明他是希望能够顺利完成的，而且可能孩子还没有掌握正确的方法，所以做题时错误率依然比较高。

E：新的情绪和行为结果——要先调用元情绪，不能被孩子的愤怒情绪带偏了，接纳他的愤怒，和他共情，等他情绪稳定之后，再尝试换一种讲解方式来帮助他掌握做题方法，完成作业题目。

二、ROLEX模型——孩子情绪管理训练

使用ABCDE模型之后，我们的理智脑上线，接着就要按照ROLEX模型来帮助孩子进行情绪管理训练，看怎么帮助他调节愤怒情绪，顺利完成自己的作业。

R：识别和解读。这一步比较简单。孩子做作业时崩溃，无非就是对自我表现的羞耻感，还有对家长的愧疚感，导致他出现了愤怒情绪。当然，也可以在后面的步骤中和孩子继续沟通，来了解孩子愤怒的原因。

O：机会来了。什么机会？帮助孩子在一些困难面前学习如何调节愤怒情绪，如何保持更加专注平和的状态的机会。

L：倾听与接纳。这里同样需要你和孩子进行有效沟通。先是"照镜子"，从而与孩子建立情感连接，尝试去缓解孩子的愧疚感和羞耻感。

比如，你可以说："今天的作业真的很难。""我看了一下题目，确实有几个题是有陷阱的，我都做错了。""今天上足球课了，是不是感觉有点累？"

通过对话，来引导孩子抒发和分享自己的感受。

接着，用3F倾听法，听感受、听事实、听意图，了解孩子崩溃愤怒背后的原因以及他的意图和需求是什么。

可能孩子会说："我今天特别烦，因为老师安排的作业太多了。"或者说："这个题我们就没学过，所以我不会做。"总之，通过3F倾听法了解孩子的真实想法，为接下来帮助孩子调节情绪和解决问题做好准备。

通常情况下，愤怒情绪的出现，大多是因为内心底层的需求没有得到满

足，就像孩子做作业，是希望自己可以很顺利地完成作业，或者希望得到家长、老师、同学的赞扬。再比如，有时候家长不让孩子看手机，不让孩子出去玩，孩子会愤怒，看上去好像孩子的需求是玩手机，但底层的需求可能是他有压力想要释放，或者他感受不到家长的陪伴，只能通过手机来慰藉自己。这些底层的需求是需要我们去深入挖掘的。

E：表达情绪。我们可以告诉孩子："今天的作业确实是有难度的，但是，你那几道题做对了，已经非常棒了。"注意，这句话是在肯定和鼓励孩子。

这里要强调一下，我们一定要做"夸夸家长"！

面对孩子负面情绪的时候，你找到孩子的闪光点，并且明确而具体地告诉他，他会很快从负面情绪中恢复过来。

别说孩子了，大人也是一样。被认可、被肯定、被夸奖，是每一个人的刚需。

我举个自己的例子。我虽然给大家讲情绪管理的课程，但我也会有情绪问题，有对未知的恐惧。比如，担心我的课程大家听完之后没有效果、没有收获，这种担心会加重我写课的负担，导致写得更慢了。

一天，妻子跟我讲："老公，你写的课程太好了！"我一下子就来精神了，然后假装不经意地说："真的吗？"潜台词其实是"你再展开说说"。

然后妻子说："你那个ROLEX模型的X特别好，我以前和孩子共情这一点做得比较好，但是并没有明确地划定界限，帮助他解决问题。课程给了我很多启发。"

妻子的这个"展开说说"对我的赋能真的超级大。当我看到大家说学习课程有收获，说K叔这个点对我有启发之类的话时，我是超级开心的，写课也更有动力了。

我写课，跟孩子写作业几乎是一模一样的，也是需要夸奖的。大家可以尝试换位思考，你在日常工作、学习、生活当中，有没有跟孩子做作业遇到困难一样的情况？

你是不是也需要有人给你这样坚定、明确、贴心的支持？

所以，再次强调，我们一定要做"夸夸家长"，夸奖和鼓励的力量对每一个人来说都是超级神奇的，尤其对于我们的孩子，更是立竿见影！

X：独立解决。我们可以和孩子一起分析错题的原因，看有没有什么更好的解题方法。当然，也可以在孩子做完作业之后，问一问孩子对于做作业这件事的想法，一起来确定接下来的学习目标。比如，要实现这个目标，可以制订哪些计划，我们可以给孩子提供什么支持。

总之，我们要让孩子感受到，做作业也好，学习也好，家长不是逼着你去学的，而是陪着你一起解决问题，一起实现你的目标。

这样，孩子会意识到：学习是自己的事情，而不是家长的事情，家长更重视的是我的成长、我的感受，而不是把我当作一个学习机器。

有时候，孩子需要我们带着去制定一些规则。比如，家长和孩子约定好玩半个小时的iPad。结果时间到了，妈妈把iPad收走了，孩子直接生气了。这种情况，其实是需要我们提前制定规则，而且要不厌其烦地提醒孩子的。如果已经定了规则，孩子不遵守，也需要在最后X的步骤向孩子强调规则的重要性，引导孩子逐步理解和建立规则意识。

第四节　家长应对孩子愤怒情绪的四字口诀

　　分享完模型流程之后，我再向大家分享一个面对孩子愤怒情绪时可以尝试的四字口诀，有利于我们比较好地记忆和掌握。

　　第一个字：停，让自己冷静下来。

　　愤怒情绪有个特点，即不会一直持续。所以，面对孩子的愤怒，我们先要让自己有一个缓冲的时间，进行积极暂停，调整自己的情绪。

　　第二个字：抱，和孩子共情。

　　去抱抱孩子，虽然孩子愤怒的时候，像小刺猬，但孩子每一次愤怒都是在求助。拥抱可以很好地和孩子建立情感连接。

　　第三个字：问，了解孩子的需求。

　　第四个字：改，矫正孩子的行为。

　　当孩子情绪稳定后，要告诉他应该如何应对愤怒情绪。如果孩子随意发脾气或者做了一些不对的事情，要告诉他是非对错，帮助他去调整和改正，并且制定一些规则。

本章作业

请大家尝试按照本章提出的四字口诀进行一次应对孩子愤怒情绪的实操练习。

场景：一家人出去吃饭，点了一份水果沙拉，里面有孩子特别不喜欢吃的，而且是曾经过敏过的杧果，孩子就生气了，把叉子扔了，冲着服务员大喊："我不要杧果。"服务员很尴尬，家长也很尴尬，赶紧向服务员道歉。

面对这种情况，应该如何做呢？

07

> 第七章 <

悲伤与失落是孩子面
对压力时的不知所措

在传统的教育环境下，我们一直被灌输"流泪、伤心是一种懦弱的表现"，好像一旦这个人悲伤、痛苦，就意味着软弱无能。还会形成一种集体排斥悲伤情绪的状态。爱哭的男人，会被贴上软弱的标签；爱哭的女人，可能会得到"矫情"的评价。

这其实就是之前提到的，我们会习惯性地把情绪分成好情绪和坏情绪，而情绪本身是具有传染性的。我们看的情景喜剧经常自带音效，一群人都在笑，其实并没有人笑，但你听到那些笑声的时候，就会不自觉地跟着笑。

悲伤、失落、难过的情绪，传染性会更强。当我们看到一个人悲伤、难过、失落时，也会被这种情绪影响，而一旦我们觉察到自己也被影响了，就会因为之前预设的好情绪和坏情绪的区别，而与这种情绪做对抗，尝试制止和压制坏情绪。孩子一旦出现难过情绪，父母就强行制止，会导致孩子进入无法处理的状态，这对于孩子的心理健康是非常不利的。

很多父母也经常会受到困扰，可能会感到迷茫、焦虑、内耗……这些都可以延伸出悲伤的情绪。

我们要把所有的情绪都看作一种可以流动的能量，当它流动到我们身边的时候，我们要学着去觉察、去识别、去接纳、去处理，而不是去压制、去逃避、去反抗。

第一节　悲伤情绪的运行机制

一、什么是悲伤情绪

悲伤是我们对丧失、孤独（无论是身体上的还是心理上的）和失望的本能反应。当我们失去一个对我们有深刻价值的人或物，以及失去肯定和支持的来源（即那些帮助过我们成长的人或事物）时，我们就会感到非常悲伤。

比如，被他人拒绝、亲密关系的结束、失去所爱的人或东西、原本的期望落空，或者主观上体验的各种自我丧失（比如，不再年轻、失去荣耀的身份等），都会导致悲伤。

当我们感受到悲伤的时候，整个身体的体温都会下降，情绪会很低落，垂头丧气的，好像做什么事情都提不起精神，什么事情都没有价值、没有意义，有一种自己像是在一座孤岛上非常无助的感觉。

如果去压制这种悲伤的感觉，可能会带来一些身体上的疼痛，比如胸口痛和头痛，整个人都感觉堵得慌。

日常生活中出现的许多情绪，实际上都属于悲伤的范围，只是悲伤程度不同，比如：

1.失落：微小的悲伤。可能感觉心里有些空落落的，有些遗憾，有些无奈，叹气是最常见的表现。

2.伤感：程度加深的悲伤。感觉自己陷入了一种悲伤的氛围中，有想哭的感觉，但并没有流泪。

3.悲伤：更加明显的悲伤。会出现明显的身体反应，比如鼻子酸、哽咽、声音颤抖等，感觉需要支持和温暖，很可能会通过流泪发泄出来。

4.悲痛：强烈的悲伤。身体会出现全面的悲伤反应，甚至升级到难以抑制的程度。在这种情况下，大多数人都会哭出来，胸口撕心裂肺的感觉会非常明显。如果强制压抑的话，悲痛的情绪有时会转化为生理痛苦，因此长期压抑悲痛的情绪容易导致心脏等器官出现问题。

5.绝望：属于悲伤的最高程度。通常出现在至亲离世或者极度委屈、失望、无助时，感觉一切都失去了意义，甚至哭也哭不出来，陷入一种麻木状态。

对于孩子来说，他的悲伤体验和大人基本上是相同的，就像孩子会因为自己的宠物死了，自己想要的玩具没有得到，被自己的朋友欺骗了，或者考试成绩没有达到预期等情况而悲伤和难过。

二、悲伤情绪的作用和价值

悲伤并不是坏情绪。相反，悲伤对于人类来说，有非常重要的作用和价值。

1.从进化角度来说，悲伤具有社交联结的功能

表达悲伤情绪，会让个体在遇到困难的时候，获得更多的支持，通过人与人之间的相互帮助，提高每个个体乃至种群的延续性。

人是社交动物，这是从人类出现到现在，始终都没有改变的一种底层机制。因为只有通过合作，人类才能持续繁衍，而悲伤、难过，甚至哭泣，就是人类的一种典型的社会求救信号。

一个人表现出悲伤的情绪，可以唤起周围人的同理心，帮助他与周围人紧密地联结起来。

大家试想一下，当你看到自己的伴侣、朋友或者孩子，在一个角落里悲

伤哭泣的时候，大概率会唤起你的同情心和同理心，试图想要安慰他，让他能够渡过这个难关。这是人类在进化过程中，形成的一种天性。

如果一个人不允许自己悲伤、难过，或者悲伤的时候不去表达，自己已经特别难受了，但就是不说，也不哭，甚至还表现得非常强势，那么别人根本没办法感受到他的痛苦，也不知道这个人什么时候需要帮助，以及如何帮助他，进而会造成他在心理上和社会上变得更加孤立。

长此以往，悲伤的情绪还会逐步积累和演变成更严重的焦虑症、抑郁症等。

2.悲伤情绪可以帮助我们的身体进行生理净化

当我们哭泣流泪的时候，人体的一部分应激激素会随着眼泪流出去，而且大脑还会分泌脑啡肽和催产素，这些激素可以帮助我们更快地平复心情，这就是我们通常在大哭一场之后，会感觉身体轻松很多的原因。

当了解到这一点之后，我才知道，我为什么那么爱哭，但是我的哭，一般都是在看电影或者看一些感人的书或文章的时候。甚至有一段时间，我都哭上瘾了，故意去找那种催泪的电影看，可能就是因为在哭完之后，身体会感受到一种放松的状态。

3.悲伤情绪可以帮助我们意识到最在乎的东西是什么

我们之所以产生悲伤情绪，通常是因为自己感觉失去了一些东西。我们总是说，失去才知道珍惜，就是这个道理。

很多人可能平时感受不到一个人或者一件事的重要性，但悲伤这种情绪，可以让我们意识到自己最终失去的是什么，可以帮助我们回到人生一些永恒的主题上，比如爱、同情和希望等。

所以，悲伤情绪让我们知道什么对自己是重要的，是自己在乎的。一个人的情感状态有高低起伏，本身就是一种美好的体验。相反，如果让一个人失去悲伤，再也不会难过，他获得的并不是持久的快乐，而可能是对这个世界的冷漠。没有丝毫的热情和好奇心，那是一种更大的人生痛苦。

了解完悲伤情绪的作用和价值，接下来，我们从两个方面来入手，一方面是家长应该如何应对悲伤情绪；另一方面是家长应该如何帮助孩子更好地应对悲伤情绪。

第二节　家长应该如何应对悲伤情绪

一、三种错误应对方式

通常大家在悲伤、难过时，有以下三种错误应对方式。

1.否定悲伤

否定悲伤就是觉得自己不应该悲伤，没什么大不了的，我怎么能这么脆弱呢？

在一些紧急情况下，我们暂时否认那些负面情绪，确实对自己状态的稳定是有帮助的，但如果长期否认，则是一种非常糟糕的应对方式。我们可能把这当成一种冷静、理性的表现，其实我们只是难以面对、处理情绪的结果，情绪问题只会越积累越多，还可能会造成进一步的心理问题。

2.积极化

所谓积极化，就是让自己转移注意力，避免过度关注负面体验。但是，对于真正令人悲伤的事情，比如，至亲离世或者遇到了非常大的挫折，积极化只能推迟悲伤情绪表达的时间，并不能真正缓解和释放悲伤。

3.压抑克制

压抑克制是我们经常用的处理情绪的方式。然而，单纯的压抑并不能改善状况，反而可能导致情绪以其他方式发泄出来，比如我们可能变得易怒，或者觉得生活失去意义。

二、四种正确应对方法

我们应该怎么办呢？除了之前提供的相关方法，再给大家提供四个针对悲伤情绪的应对方法。

1.适当哭泣

哭泣是人体最主要也最自然的表达和调节悲伤的方式，一些激素的释放，可以帮助我们平复心情。因此，当我们察觉到自己的悲伤情绪时，在有条件的情况下，尽量允许它自然地流露出来，通过眼泪将内心的悲伤和难过发泄出去。

2.找人倾诉

悲伤的社会功能就是寻求他人的共情和支持。

跟我们熟悉的人分享自己的伤心事，让别人能够给我们支持和能量，同时也给自己的悲伤情绪一个出口。有时候，我们会进入一个死循环，越不想告诉别人，越觉得孤独难过，导致悲伤情绪更加难以抑制。而当我们向别人倾诉时，可能会发现自己并不像想象中那么孤独，整个人的状态也会好转。

3.适当运动

很多家长觉得有了孩子之后，加上工作很忙，很难挤出时间来运动。大多数情况下，不是我们没时间运动，而是没有把运动放在更高的优先级上，总觉得工作重要、孩子重要、休息重要。其实，我们完全可以主动安排一些运动时间，哪怕只是10分钟的微运动，也是非常好的调节情绪的方式。

前一段时间我在打磨课程，进度很慢，所以整个人的情绪状态不太好。我就想必须进行调整，让自己动起来，与其低效率地过一天，不如抽出半个小时运动一下。结果发现，哪怕只是每天20分钟的慢跑，对精力状态、情绪状态也是一个巨大的补充。所以，无论是悲伤还是焦虑，我都建议大家找一个自己喜欢的运动方式，坚持每天做一点运动，这真的很重要。

4.成长型思维

所谓成长型思维，就是面对悲伤、面对失去、面对挫折，我们永远抱有对生活的希望。

那些拥有幸福的人、实现富足人生的人，都有一个共同点，那就是当生命送给他一份礼物的时候，他愿意去接受。

这份礼物，其实就是我们的每一段经历。当我们接纳它，并且勇敢地拆开包装纸，去面对它的时候，这份礼物就会积淀成为更好的我们。但很多人面对这份礼物，会选择拒绝、选择逃避、选择放弃，最终失去了让自己成长的可能。

接纳人生中必然会出现的苦痛，或早或晚，然后勇敢地拆开自己生命的礼物，和大家一起共勉。

第三节　家长面对孩子的悲伤情绪时常见的三个误区

一、哭是不好的

哭也是有非常重要的作用和价值的。如果孩子从小被灌输"哭是不好的"的观念，长大了遇到挫折或者困难，就会习惯性地选择逃避事实和逃避自己的真实情绪。

二、让孩子尽快变得开心

家长在看到孩子悲伤、难过、痛苦的时候，那种对孩子的爱和保护欲会一下子涌上来，特别迫切地希望能够帮助孩子马上好起来，变得快乐和开心。

孩子在哭的时候，有一些家长会使用一些方法帮助孩子转移注意力，强行让孩子进入另一个频道。要么就是压抑型家长，强行禁止孩子哭；要么就是缩小转换型家长，逗孩子，让孩子笑。好像只有孩子不哭了，开始笑了，家长才尽到了养育的责任，才不会有负罪感。

这里提到的负罪感，是很多家长为了孩子失去自我，同时也导致孩子失去自我非常大的一个原因。我们对孩子的爱是无条件的，那并不代表我们能够替代他们去承受他们必须经历和接受的所有的痛苦。哪怕是悲伤、难过这些情绪，也是孩子未来需要独自去面对的。所以，不需要带着负罪感强行让孩子转化情绪，否则会严重妨碍孩子形成自己调节情绪的能力。

三、成年人处理悲伤情绪的方法，并不一定适用孩子

孩子遇到宠物生命的消失，遇到一些可怜的现象，会表现出自己的同情心和同理心，这本身代表着孩子的情绪是健康的，而不是冷漠的。

我们很多时候会尝试用自己的方式来帮助孩子处理悲伤情绪，想尽快让孩子好起来。而这种方法，其实并不一定适用孩子，因为孩子的欢笑和眼泪是同等重要的。

家长的工作，不是要让孩子天天开心，而是要帮助孩子学会面对和理解世界的复杂性和多样性，要让孩子知道，欢笑也好，眼泪也好，愤怒也好，恐惧也好，都是成长过程中的体验。

第四节　实践案例：一位失去女儿的特级教师的生命教育课

有一位老师，工作非常认真负责，是学校的特级教师。她有一个女儿，从小就特别乖巧，学习成绩一直非常好，多才多艺，而且非常独立，从来都没有让这位老师多操过心，甚至孩子去国外留学的各种手续，如办签证、订机票等，都是自己独立完成的。

但是，突然有一天，这位老师收到了噩耗：女儿自杀了。

孩子给妈妈留下了一封遗书，就离开了这个世界，孩子说："亲爱的妈妈：我真的是太累了，八年来一次次平定崩塌的内心，而当它再一次崩塌时我已无能为力，只有咬牙忍受，寻找调整的机会，我真的厌倦了……"

直到这个时候，这位妈妈才意识到，孩子从小看上去特别乐观，她一直在笑，但其实内心背负着巨大的压力。她有任何事情，都会和孩子商量，也会询问孩子的意见，但是唯独没有询问孩子的感受。

这位妈妈提到，她对孩子的关心更多集中在物质上，但对孩子的情绪、孩子的精神世界了解甚少，以至于孩子出现了严重的心理问题，她都完全没有察觉。

后来，这位妈妈怀着对女孩的怀念慢慢走出来，把全部的精力都投入教学工作中。她还拿出十万元设立基金，奖励那些从事心理工作的老师。

这个故事是我在十年前看到的，也就是我家老大刚出生的时候，对我震撼特别大。我第一次隐约意识到，家长关注孩子的情绪，关注孩子的内心有多么重要。

这位妈妈在回忆时，曾经提到过，孩子虽然每天都戴着微笑面具，但在上初中的时候，突然变得很沉默、很内向，不爱跟人交流。她当时以为孩子正值青春期，可能变得文静了，没有太当回事。但其实那个时候，孩子已经有了心理上的问题。

假如我们的孩子一直都非常优秀，都是"别人家的孩子"，我们对孩子的情绪关怀很少，孩子突然变得沉默寡言，莫名地感到失落和悲伤，我们作为家长应该如何去做？

同样可以使用ABCDE模型和ROLEX模型。

一、ABCDE模型——家长自我情绪管理

A：诱发事件——感觉孩子一直都挺开朗的，但突然最近沉默寡言，好像有心事。

B：信念——孩子长大了，要进入青春期了，性格会变文静一些，而且也会有自己的心事，沉默就沉默吧，他自己能够处理好。

C：情绪和行为结果——不做任何询问和了解，让孩子自己去处理。

D：反驳——孩子的情绪突然出现变化，一定是有原因的，而且越是独立的孩子，可能压力越大，只是不愿意表露而已，孩子可能很想向我们求助。

E：新的情绪和行为结果——主动找一个合适的时机，和孩子沟通，询问孩子最近的学习生活状况、情绪状态，看有什么可以帮助和支持他的。

这个案例中，家长自我情绪管理这部分，核心在于对刺激事件的察觉。很多时候，我们对孩子情绪的变化不够敏感，而且会站在自己的角度进行解读。但是，很多时候孩子情绪背后的原因，是需要我们主动去询问的，哪怕

孩子什么事都没有，就今天的起床气，有点不开心，但你随口一问，对孩子来说都是莫大的关心和支持。

千万不要吝啬对于孩子情绪变化的关注，他每一次情绪变化，可能都是求助的信号。

二、ROLEX模型——孩子情绪管理训练

R：识别和解读。这一步尤其关键，我们要善于对孩子出现的一些变化进行察觉和询问。无论是情绪上的，还是行为上的，或者言语上的，这些变化可能看上去没有那么大，但背后很有可能隐藏着非常多的压力或困难，需要我们来支持。

O：机会来了。什么机会？帮助孩子在面对悲伤失落情绪时进行自我调节的机会。

L：倾听与接纳。可以用照镜子和3F倾听法与孩子进行沟通。

在这个案例当中，这位妈妈可能长久以来都没有对孩子情绪有过多的关注，父母可以有意识地去建立一种常态化的亲子沟通机制。

比如，之前说的家庭会议，一周一次或者两周一次，增加一个新的环节，就是让孩子分享一下这期间开心的事情、难过的事情，有哪些需要家人一起帮忙的事情，让孩子主动地回顾自己的情绪，并且与家人分享。

我们要让孩子知道，家人永远是站在他身后的。

E：表达情绪。当我们与孩子足够共情，孩子愿意分享他的困难、他的内心的时候，我们对他的悲伤情绪尤其要给予关注。

让孩子去倾诉他的悲伤，本身就是一个情绪调节的过程，要帮助孩子面对和表达自己的悲伤，而不是用微笑的面具来掩盖自己的悲伤。

X：独立解决。通过和孩子交流，我们知道了，孩子突然沉默寡言，是因为学习压力太大，或者因为与同学关系不好，或者因为遭遇了校园霸凌，或者因为家长给他的安全感不够。总之，我们在了解了孩子悲伤的原因之后，可以和孩子一起来处理和解决。

我们要让孩子知道，并非只有每天看上去笑呵呵的，才是正常的状态。

本章作业

实践案例中，那位老师在经历了丧女之痛后，勇敢而坚强地把全部精力投入教育工作。

请大家就这个故事，写写自己的感受。

08

> 第八章 <

自卑感是孩子成长
和超越的动力

　　自卑是孩子成长过程中很可能会出现的情绪。对于孩子的自卑，家长要正确地去理解，并帮助孩子更好地应对这种情绪，如果用错了方法，可能还会加重孩子的自卑感。

第一节 什么是自卑？自卑的作用是什么

一、孩子自卑的八种表现

所谓自卑，就是指对自己才能的怀疑，或者当自身条件或所处环境不如别人时，而缺乏自尊的一种心理状态。

具体到孩子，有哪些属于自卑的表现呢？一共八种，我们可以对应着一边看，一边来思考自己孩子的一些情况。

1.过度害羞

在一些社交场合或者在学校里、课堂上，孩子过于害羞，不敢说话，不敢交流。

2.过于敏感

有的孩子在遇到一些批评或者稍微有一点点不如意的时候，情绪就会变得非常低落，这些孩子属于过于敏感的情况。

3.害怕挫折

最常见的就是在学习方面，无论是学校的学业，还是自己在学习知识或者技能的时候，一旦遇到一些难题，孩子就会下意识地往后退。

4.没有主见

孩子在面对一些选择的时候，常常会第一时间请求父母来帮忙，依赖性非常强。

5.无法认可和接纳自己

自卑的孩子经常会自我贬低，觉得自己不够优秀，什么都做不好，还会延伸出一些嫉妒的心理，觉得别人比自己优秀很多，从而很失落、难过甚至愤怒。

6.过分追求他人表扬

对孩子进行鼓励和表扬非常重要，但是有些孩子会过分追求表扬，甚至可能会用一些错误的方法来完成任务，只为得到外界的表扬。

7.过分重视他人评价

某些孩子在做事的时候，会比较拖延，因为害怕被人评价说做不好、做不到，还没做就会想坏结果，担心父母、老师、朋友会对他失望。

8.不敢去探索新事物

很多自卑的孩子，不敢去尝试任何新鲜事物，不敢挑战自己，一旦遇到新问题、新挑战，就会下意识地选择放弃。

二、自卑的重要功能和价值

自卑，是孩子成长过程中很可能会出现的状态，因为孩子有一颗想要成长的心，才易出现各种自卑的情况，这是人类能够持续进化和发展的底层驱动力。

自卑感人人都有。

在原始社会，人类要面对恶劣的生存环境，要与豺狼虎豹争夺生存空间。但相比之下，人类在先天条件，如力量、耐力等方面远远不及这些野兽。

正是因为这些先天优势不足而产生的自卑，激励着人类不断突破自身劣势和缺陷，发明和使用各种工具，在征服和改造世界的过程中不断进化。

很多时候，是自卑推动着我们去完成事业。通过努力，获得一项成就之后，就能体验到那种短暂的成就感和掌控感。但是，当我们与别人对比之后，又会产生新的自卑感，这样就会再次激励自己争取更大的成就，从而进入一个正向循环。

之前我在企业工作，没有想着创业、赚钱这些事情。但是二孩要来了，我发现家庭在经济方面有很大的困境，而且我看到别人可以带着老婆孩子去旅行，可以给家里请保姆，可以让家人有更好的生活，于是我就会不自觉地产生一种自卑，然后推动着我做出改变。

2016年，我还在企业工作时，写下一个字条："写100天，拼命赚钱！拼尽全力，给老婆孩子更好的生活！加油！加油！加油！"

当时因为二孩出生，经济压力巨大，我决定通过写作来改变我家的经济状况，最后也确实因为这种经济负担下的自卑感，实现了人生的巨大跨越。

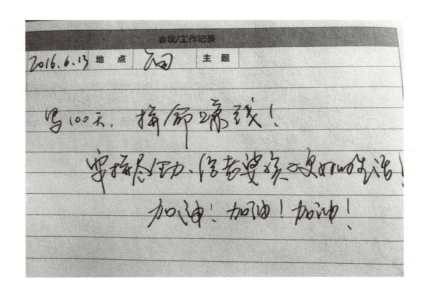

但是，自卑感是一把双刃剑。如果正确地应对，将会获得自我的超越和突破；但如果采取错误的方式，可能会更加自卑、抑郁。

简单来说，一个人面对自卑感，会有两种发展路径：

一种是通过追求卓越，持续努力去完善自己，而且是用正确的、建设性的方式，去寻求自我突破。比如，面对困难，我可以接纳自己，可以坚持不懈，最终拿到结果。

另一种则是采用破坏性的方式，比如面对困难，更倾向于逃避，以保持自我感觉良好的状态，不愿意尝试新事物，不跳出自己的舒适区。这种对自卑感的错误应对方式，会让自己进入下行的通道；如果情况严重，还可能延伸出一些神经类的病症。

我们既要看到，自卑是我们持续努力、改变自己的动力，同时也要意识到，如果无法合理地应对自卑，可能会让我们和孩子进入不健康的心理状态。

接下来，我们一起来看看克服自卑感的核心——自我接纳。

第二节　如何克服自卑感？自我接纳

一、什么是真正的自我接纳

很多人对于自我接纳的认识是存在误区的。有些自我接纳能力很好的孩子，反而可能会发展到另一个极端，就是自恋。他会觉得，自己各方面都很棒，他很好地接纳了自己，但为了这种表面的自尊，会逃避各种挑战来维持面子上的假象。

真正的自我接纳，绝对不是单纯地认为"自己很特别""自己很优秀""我现在挺好的"，或者是有点类似于那种"摆烂""躺平"的心态。真正的自我接纳是：彻底放下对自我的关注。

注意，摆脱自卑的关键就在于，你能否放弃对自我的关注。不再在意或者追问："我看上去是不是足够好？"

不光是孩子，大人也可以回想一下自己，比如说，你和一群特别好的朋友在一起，你会不停地去想"他们喜欢我吗？""我能给他们留个好印象吗？"这类问题吗？

肯定不会的。因为，你的关注点并不在你自己身上，而在你和朋友正在做的事情上或者谈话的内容上。这时候，你整个人是非常放松的。

真正的自我接纳，就是要找到这种完全关注当下的状态，所谓正念的状态。只有当我们精神上不再退缩，不再时不时地评价自己的时候，我们才能更加自如地去倾听、学习、尝试和体验，才能从容地做事和爱别人。

真正的自我接纳，是自己已经放弃了对自我的关注，不会去思考和纠结别人对自己的评价，而是把注意力全部集中到自己做的事情上、爱的人身上。

二、建立自我接纳的三个基本需求

想要建立自我接纳，有三个方面的基本需求，一旦被满足，无论是孩子，还是大人，都不会总是沉浸在自我评价当中，也不会反复去质疑自己的价值。

第一个需求：联结。

我们要和他人建立有意义的关系，从而形成一种归属感。比如，良好的家庭关系、良好的朋友关系，都有助于实现自我接纳。

无论是父母的爱，还是朋友的爱，都会让孩子脱离过度的自我关注，而转向对他人的关爱。孩子能够从这些关系中感受到理解、接纳和重视，他们就不会轻易去质疑自身的价值。当孩子能够与别人欢度时光，或能够关爱他人时，孩子就不会过分关注自我的缺陷。

所以，无论是我们给孩子的无条件的爱，还是鼓励孩子去建立自己的社群圈，都是很重要的。

第二个需求：能力。

能力，就是指孩子掌握了一定的技能和学习的方法，并且相信自己可以通过努力来掌握新能力，完成新挑战。

比如，在学习方面接纳自我，就意味着他们在做一些难题的时候，知道该怎么去做。即使遇到困难，孩子也懂得，无论自己现在的能力如何，困难都是暂时的，自己有能力继续学习和不断成长。

如果父母只是一味告诉孩子"你成绩挺好的，很棒了"，但没有帮助孩子掌握学习的相关能力，这会让孩子产生一种与现实不匹配的主观愿望。

当孩子专注于学习和提高能力的时候，他一般不会认为人生的全部价值在于某一次表现如何，也不会把失败当作自己无能的象征。其实，这就是成长型思维。

第三个需求：选择。

选择，就是孩子可以自己做决定。他知道，对自己来说，什么是重要的，并且能够按照自己的价值观去行动。很多父母喜欢各种包办，让孩子进入被过度保护的状态，这样反而会让孩子在温室中越发感到自卑。

与成年人相比，尽管孩子缺乏决定自身行为的一些机会，但是他仍然能够通过自己的选择形成掌控感和力量感。自我选择，可以让孩子主动追求自己的目标，而不是陷入依赖或者无助的状态中。

那么，对于父母，应该如何更好地帮助孩子克服自卑的心态呢？核心的抓手只有一个，那就是正确地鼓励孩子。

第三节　如何正确地鼓励孩子

一、表现满意和感觉满意

我相信，很多家长看到过类似的文章，或者参加过的一些培训课程也提到过鼓励对于孩子的重要性。但是，有一些方法其实是错误的，只会适得其反。

这里向大家分享一个2007年心理学家做的很有意思的实验。他们挑选了一批期中考试成绩很差的学生，然后把他们分成两个组。

第一组的同学，每个人每天都会收到一封信，帮助他们提高自尊，就是一味地吹捧，各种鼓励，比如，你们很棒，你们很特别，你们非常优秀之类的。

第二组同学则收到一些中性的信息，让他们多关注自己的表现，而不是一味地鼓励。

最后，期末考试成绩出来了，那些收到空洞的鼓励的学生，成绩比另一组要差，而且平均分也从期中考试的59分降到了39分，更低了。

这是为什么呢？

实验结论是：空洞的鼓励，会让孩子习惯用一种想象来维护自己的面子，想方设法，甚至不惜以欺骗自己的方式来保住自尊。

那么，什么才是正确的鼓励呢？

一定要理解两个概念，表现满意和感觉满意。

表现满意，就是孩子真的发生了改变，取得了进步，拿到了结果。

感觉满意，就是单纯自我感觉良好，或者我们强行去夸孩子真棒、真优秀。

给大家举两个例子，就明白了。

二、案例1：如何帮助我家老大克服画画自卑

先说我家老大关于画画的事情。我们发现，每次如果有美术课，他那天早上就特别抗拒。周末的一些画画作业，他特别排斥。

我们询问孩子才了解到，孩子不喜欢上美术课，因为美术老师经常批评他画得不好，这让孩子在画画这件事上产生了自卑感，他经常说："反正我也画不好，我不画了。"

最开始，我们的方法是告诉孩子"你画得很好啊"或者"爸爸妈妈觉得你的画是最好的"。

这种表达方式看上去也是鼓励，但只是试图让孩子开心一点，这属于感觉满意。孩子内心实际的想法是："我明明表现得不好，爸爸妈妈说的根本就不是实际情况。"

孩子对一件事的好与坏，已经有了自己的判断标准，我们一味地去夸奖，试图让孩子感觉很好，是没有用的，也没有真正和孩子共情。

后来我们转换了一种方式，那就是要帮助孩子，让他不仅感觉满意，还要表现满意。我们和他一起尝试去做美术课的作业，带着他一起去看一些好的作品，我们更多的是给一些想法的引导。

结果，那次作业，他拿到了A+，回来就特别开心，之后对画画明显没有那么排斥了。

三、案例2：如何帮助我家老二克服社交自卑

之前我家老二比较内向，进入一个陌生场合的时候会有些害羞，不敢说话。如果强制要求孩子"你多说话""多跟小朋友交流"，其实都是无效的。或者，你跟孩子说"你不想说话也没关系"，孩子也无法接受。

从孩子的内心来说，他希望能够认识更多的小朋友，去更好地展现自己，只不过他不知道该怎么办，不知道具体的方法，所以没办法做到。

我们要想办法协助孩子，让他能够在表现上有进步。后来，我们会先从带着孩子和陌生人打招呼开始，我会告诉他，跟别人微笑，向别人打招呼，对方会非常开心，小家伙真的就尝试跟小区的保安叔叔说"你好"。我们也会主动带他去处理社交问题。比如，去饭店吃饭，结账的时候，我会带着他一起去，鼓励他参与进来。有时候需要筷子，也会让他尝试跟服务员去沟通交流。总之，我们会想办法在各种场合，让孩子进行说话练习。

慢慢地，孩子在社交中发现了自己的进步，也感受到了社交的快乐，和别人交流也变得越来越有自信了。

所以，只是单纯让孩子感觉好，进行空洞的夸奖，孩子可能无法接受。只有让孩子真正看到自己的进步，表现上也能变得更好，才能切实地提升孩子的自尊，摆脱自卑的困扰。

第四节　关于鼓励的四点建议

鼓励和夸奖，也是有原则和方法的。提供四点建议，方便大家具体应用。

一、鼓励要具体

如果你只是单纯说，孩子"你好棒，你好厉害，你好聪明"，这种表扬和鼓励太抽象和主观了，并不能帮助孩子提高什么，甚至年纪大一些的孩子，还会觉得你是在敷衍他，产生反感情绪。所以，我们在鼓励的时候，一定要认真分析当时的情况，找到具体的点来表扬。

比如，孩子正在练字，你可以说："哇，这10个字里边，我最喜欢这个字，笔画非常硬朗，而且结构很好看。"

比如，孩子在画画，可以针对某一个细节进行描述和表扬："你这棵树画得好像老家旁边那一棵，你的这座山看上去很有气势。"

再比如，孩子最近开始喜欢读书了，你可以说："我看到你最近很喜欢看历史类的书，有没有什么好的故事可以跟我分享一下？"

总之，鼓励和夸奖越具体，孩子越能够感受到你对他的重视。

二、要赞美孩子努力的过程

不要再夸孩子聪明、漂亮之类的，因为他听完之后可能会陷入误区，觉得我能够把一件事做好，是因为自己很聪明或者很漂亮，而不是因为我花了时间，付出了努力。而且，孩子未来遇到困难挫折，可能会下意识选择逃避，因为他觉得，自己做不好的话，就没办法得到赞美，那还不如不做。

如果我们赞美的是孩子努力的过程，孩子在遇到挫折的时候，会更愿意坚持不懈，耐心地拿到结果。

比如，孩子这次考试成绩有进步，你可以说："哇，你这次的分数从90分提升到了95分，你一定很努力，才取得这样的进步，可以告诉爸爸，你是怎么做到的吗？"

孩子可能说："我这次复习很认真。"

这样，就能够强化孩子对于努力重要性的认同，从而形成一种成长型思维。

三、和孩子的过去比，而不是和别人家的孩子比

"别人家的孩子"真的是很多人成长过程中的噩梦，我相信大家深有感触。

即使你自己是当年"别人家的孩子"，这种对比式夸奖，也不利于孩子的成长。

比如我小时候，是属于所谓的"别人家的孩子"，在家庭聚会或者去同学家里，都会受到各种对比式表扬，我听了当然很开心。但是，这也造成我的抗挫折能力不强。那会儿我的想法就是，只有不努力还能拿到好成绩的人，才是最厉害的。我就要做这样的人。

所以，我在初三之前，其实都不怎么努力，成绩也一直很好。到了初

三，第一次练兵考试，我说我要开始疯狂努力了，努力一个月，一定要考进全县前10名。结果，考了一个第11名，我的心态就彻底崩了。我这么努力了，都没有考进前10名，那我还努力什么？我初三那年的日记，就是伤春悲秋的，现在回看，那会儿就是没有形成成长型思维。

假如家长总是和别人对比，孩子可能会觉得，他的关注点应该在争输赢这件事情上，而不是自己的成长上。那么，一旦遇到困难，他会更倾向于放弃和逃避，因为怕输，怕得不到表扬。

因此，在鼓励孩子的时候，我们可以尝试和他的过去比，比如，"你这次成绩进步很大，说明努力有成效，继续加油！"

让孩子看到自己成长的过程，意识到努力的意义，这样，孩子才会更愿意尝试学习新的事物。

四、既要当众夸孩子，也要背后夸孩子

几个家庭在聚会，对方说："你家孩子这次考试成绩真好。"

然后你说："一般般，没什么值得骄傲的。"

本来孩子听到别人夸他，挺开心的，结果你一句话，让孩子心都凉了。

谦虚是美德，但千万不要过分谦虚，尤其是在孩子面前。很多人觉得，不能随便夸孩子，要不然孩子容易骄傲，于是反向刺激孩子。这样做是不恰当的。

所以，你可以顺着对方家长的话，继续鼓励孩子："是啊，这次孩子很努力，复习得很辛苦，进步确实非常大。"这样既表扬了孩子，也关注到了孩子努力的过程。

本章作业

　　请大家尝试给孩子写一封鼓励信，认真思考一下，孩子有哪些进步的地方，有哪些值得夸奖的地方，有哪些需要被鼓励的地方。然后，请把这封珍贵的鼓励信送给你的孩子。如果孩子现在年纪还小，还不识字，请念给他听。

09

> 第九章 <

叛逆是孩子成长中
的巨大飞跃

很多家长在谈到自己孩子的时候，经常会用"叛逆"这个词。叛逆，简单说就是不听话，你说什么他都拒绝，都反抗，都不同意。总之，就是跟家长对着干，让家长非常头疼。

孩子的自卑也好，叛逆也好，都是非常正常的，这证明孩子有一颗希望变好的心。但是，有一点特别需要注意，那就是很多家长在应对孩子的叛逆时，会选择"熬过去"，也就是消极应对。

孩子出现叛逆的情况，家长觉得等孩子再大一点就好了。千万不要有这种想法。孩子叛逆，其实是在向我们求助。只要采取正确的方法，就可以帮助孩子顺利解决这些问题。

第一节　孩子成长中的三个叛逆期

一提到叛逆期，大家往往会觉得是孩子在青春期才会出现的，其实不对。

孩子在成长中要经历三个叛逆期，青春期只是其中之一。如果我们对孩子的不同叛逆阶段不够了解，可能就会片面地认为，孩子怎么这么不听话呀？怎么不乖啊？怎么像变了一个人似的？这种误解很可能会造成错误的沟通方式，导致孩子受到伤害，家长也气得够呛。所以家长一定要了解孩子的三个叛逆期，用科学的方法陪孩子度过。

一、第一个叛逆期：2—3岁

大家应该都听过"terrible 2"和"horrible 3"的说法，就是"可怕的2岁"和"恐怖的3岁"。我们可以对应一下，孩子在两三岁的时候，是不是突然变得爱发脾气，很不配合，最常说的词就是"不""不要""不行"！

很多家长觉得孩子这是翅膀硬了，故意找别扭，会用呵斥、打压的方式来应对，这是极其错误的。

孩子在这个阶段开始发展出"自我意识"，他发现原来他可以有自己的想法，追求自主的决定，可以进行独立探索。所以，他其实是在尝试向家长争取自己的支配权。

但是，他显然又没有其他更多的能力，所以，只能用言语上的"不"或者行为上的拒绝来表示。

面对这些摇头说"不"的两三岁的小宝宝，最好的应对方式就是六个字：让他做，让他选。

让他做，就是如果这件事不涉及原则性问题，比如很危险，会伤害别人，伤害自己，或者价值观错误等，那么大可以放手让孩子独自去做。

比如，我家两个小朋友两三岁的时候有一个共同爱好，就是在雨里踩水花，把整个衣服全部弄湿。甚至有一次，他们两个在一起玩，我去买了瓶水的工夫，老二竟然在水里滚来滚去。

但是，我没有制止他们，让他们玩就好。旁边有带孩子的妈妈或者爷爷奶奶跟我说，你别让孩子这么玩了，衣服都脏成什么样子了？孩子生病了怎么办？但我觉得，衣服脏了，洗就好了；生病了，也能让他意识到，这么玩会生病，下次他就会调整了。

不是什么原则问题，让他做就好了。

另外，让他选，就是说，如果你给孩子选项，更容易引导他去做一些事情。比如说，你想让他刷牙，你可以说，今天是用电动牙刷还是用手动牙刷？再比如，去饭店吃饭，把菜单交给他，让他去做选择，这样反而吃得更好。

让他选，不代表所有事情都让孩子做决定。我们是需要去做一层判断的。比如，要不要去上课，孩子发脾气，不想去了，我们需要通过已经学到的情绪管理模型，让孩子在情绪平和下来之后，继续去上学。

孩子在两三岁的时候，依然没有很强的认知和辨别能力，面对原则问题，家长要温柔而坚定地守住那个边界。

二、第二个叛逆期：6—9岁

这是孩子上小学的阶段。对于孩子来说，环境发生了巨大的变化，从幼儿园到小学，无论是学校对孩子的行为规范，还是家长对孩子学习上、生活上提出的更高要求，孩子都会不适应。

这里尤其要说一下，大概二三年级的时候，孩子会出现一些明显的叛逆行为，因为他在小学待了两三年之后，已经适应新环境了，会开始有一些不太乖的表现。比如，上课聊天、作业潦草、在学校里闯祸等。

进入三年级之后，一部分孩子会越来越进入状态，一部分孩子的成绩会下滑，可能被甩在后面。

那些成绩滑坡的孩子，很大程度上是因为找不到学习的乐趣，没有建立学习的内驱力，而且一直没有感受到学习的正向反馈，所以干脆不努力了。

这个阶段的孩子，开始尝试跟家长斗智斗勇了，会撒谎，也有了自己的朋友和社交圈，会尝试和家长进行对抗。

三、第三个叛逆期：12—18岁

这个阶段就是孩子的青春期，也是很多家长最头疼的阶段。

这个阶段的孩子开始发展出复杂的思维模式，他更愿意强调自己的见解，开始追求人格的独立、精神的独立，但是因为家长的不理解、自己的幼稚，会闹情绪、闹别扭、耍脾气。

特别是初二，是孩子性格最叛逆、反抗性最强、自我意识最强烈的阶段。

随之而来的，可能就是成绩下滑、厌学、沉迷游戏、早恋、打架等各种情况的出现。这个阶段的孩子就像一枚不定时炸弹，随时都可能爆炸。

注意，并不是说每一个孩子都有所谓的三次叛逆，甚至有一些孩子可能三个叛逆期都没有出现过。但是，很有可能，他在成年之后反而会有一些叛逆的行为，比如大学之前特别乖，一旦离开家长就开始放飞自己；或者进入社会之后频繁跳槽，人际关系很差；抑或在恋爱、婚姻等亲密关系中，总是无法保持稳定。

无论是早叛逆还是晚叛逆，我们都要相信一件事，那就是：没有人会一直叛逆下去，人的内心当中一定有一颗想要向上生长的心，哪怕有暂时的停滞或者下滑，那颗向上的心也一定能引领着我们持续成长。

第二节 父母应对孩子叛逆行为的四个方法

父母应该如何应对孩子的叛逆行为呢？提供给大家四个方法。

一、把叛逆看作孩子成长中的飞跃

这个建议非常关键，大家一定要了解孩子叛逆这件事。孩子叛逆其实表明他开始发现自我，开始捍卫自己的界限，开始主动独立地用自己的意志进行表达和行动，这对父母来说，应该是开心和愉快的事情。

孩子的叛逆，其实就是他的成长，是值得称赞和支持的一件事情。叛逆意味着孩子把他的想法、情绪摆在了明面上，表现出来了。如果孩子一味地隐藏自己的想法和情绪，情况反而会更糟糕。

所以，与其说这是孩子的叛逆期，不如说是孩子成长中的飞跃期。

这个成长和飞跃，无论对孩子还是对父母来说，都会有很多的不适应，因为它让你们的关系出现了变化。以前孩子很乖，突然就不听话了，怎么变成这样了呢？

这很正常，难道我们要让孩子永远都保持小宝宝的状态吗？

孩子的叛逆通常代表着一种攻击性的情绪和状态，人类面对攻击时，潜意识的回应方式就是反击。"你敢跟我顶嘴？你这是什么态度啊？我说什么你都不听了吗？"这是我们在面对孩子的叛逆表现时，第一时间会涌上心头的话，这也是我们的情绪脑在作祟。

所以，我们先不要着急给孩子的叛逆贴上标签，也不要把叛逆看作一件多么严重的事情。面对孩子的叛逆表现，可以换一种角度去理解，和孩子一起面对成长中的烦恼，将会是一段非常美妙的亲子记忆。

二、不要站在孩子的对立面，做他的支持者，而不是评判者

在面对孩子的叛逆表现时，我们要时刻提醒自己，不要站在孩子的对立面进行沟通和交流。

孩子的叛逆通常是一种攻击或者防御的姿态，你跟他说，要好好吃饭，他说不想吃；你让他好好学习，他说不想学；你让他别玩游戏了，他就要玩……

孩子的这种反馈方式，确实会刺痛很多父母，但是我们刚才说了，孩子的叛逆是一种自我成长，他在尝试长大，只不过他不懂得应该用哪种方式来表达。

如果我们跟孩子杠上了，针尖对麦芒，那么会让孩子感受到，你和他是对立的，而且很多时候，我们会以长辈或者过来人的身份自居，去给建议、给指导，甚至是下命令。这样孩子就会非常反感。

试想一下，你在和领导、同事、朋友沟通的过程中，别人居高临下给你提建议，你就会非常难以接受。但如果，他能够以支持者的身份来帮助你，你会非常愿意接受他的建议。

有些父母一旦遇到孩子的叛逆表现，就很喜欢说："我辛辛苦苦把你拉扯大，你就这么对我，你怎么这么不听话啊？！"这就是典型的主动站在了孩子的对立面，给孩子传递了极大的成长焦虑。

如果你不做评判者，而是支持者，你可以说："孩子，我们一起来看看这个问题该怎么解决，我们一起看怎么去实现它？"你和孩子站在同一战线，就更容易和孩子形成紧密的关系。

三、适当放手，让孩子检验自己的选择

我们作为父母，不是要牢牢抓住孩子，不让孩子走，而是要成为温暖的、能兜底的、永远都在支持他和信任他的避风港和安全基地。

很多父母，见不得孩子犯一丁点错，哪怕是不小心摔倒了，或者把衣服弄脏了，或者说了一句不太合适的话，都会不停地进行指责，然后告诉孩子应该如何去做。几乎不让孩子自主选择，这种压抑型养育，时间一长，孩子很容易会有反弹和抵抗。

很多叛逆的孩子特别喜欢说一句话："这不公平。"你看，他其实在乎的，可能不是一件事情本身，而是他感受不到你对他自主选择的尊重。

所以，不涉及原则底线的问题，我们应该适当地放手，让孩子自己去探索。而且，我们可以给孩子一个验证的机会。

有一次，我家老大不想写作业，他想先跟弟弟玩一会儿，然后再写。我们的策略就是，和他讲清楚，如果真的特别想玩，可以按照他的想法来，让他去体验一下。

结果他玩了好久，再去写作业的时候，发现时间来不及了，就特别焦虑。

第二天我们找了一个时机，让他聊聊昨天的感受，看有没有什么好的方式可以优化他的时间安排。

我们不是为了争对错、争输赢，我们是希望孩子能够自己体会到，什么样的做法更适合他，让他成为每一个选择的负责人，这要比我们一味地说教有效得多。

四、父母要处理好孩子成长的矛盾

什么叫成长的矛盾？这是每一个孩子面临的一个重要的人生课题。

成长的矛盾，就是孩子既想离开父母，独自出去探索，又怕自己能力不

够，想要依靠父母。你看，孩子是不是心里非常矛盾？

随着孩子年龄的增长，开始发展自我，学习新技能，认识新朋友。他的成长，其实一直在为离开父母，去独立探索这个世界而积蓄能量。但是，他又觉得自己很脆弱，害怕自己搞不定。

这种矛盾会让孩子心烦意乱，出去探索遇到困难，就想要得到父母的温暖；回到家，父母的限制又好像在提醒他的脆弱和无能。

孩子的很多叛逆行为，不仅是在反抗父母，更是在反抗他所怀疑的那个虚弱的、没有能力的、想要找人依靠的自己。他只不过是希望通过叛逆和反抗，来坚定自己成长的决心。

而很多父母，可能加重了孩子的这种冲突和矛盾心理。为什么这么说呢？

因为，父母对孩子向外探索这件事，同样是陌生而矛盾的。

一方面，我们期待孩子更有能力，经常说："你要独立一点、勇敢一点，要去多交朋友，多去体验。"另一方面，我们又对孩子的探索充满了焦虑和担心，怕孩子受伤害，怕孩子经受不住挫折，怕孩子难受。

这就会造成我们一边跟孩子说要独立，另一边不停地提醒孩子这个不行，那个也不行。当然，我们可能说得比较委婉，不会直接否定孩子，但我们的过分担心和过度保护，很多时候会被孩子理解为不信任、不认可他的能力。

我们一定要调整自己，树立终身成长的心态。孩子独立探索的能力不是一天形成的，而是在不断探索的过程中，逐步积累形成的。

千万不要有那种"除非孩子已经表现出了这种能力，否则我就不能放弃保护和控制"的心态。这种保护和控制会剥夺孩子培养能力的机会，造成恶性循环。

以上就是应对叛逆行为的四个方法。当然，在这个过程中，一定会运用到情绪管理的ABCDE模型和ROLEX模型。所以，必要的情绪管理训练，依然是应对孩子叛逆行为的基础策略。

很多孩子之所以叛逆，是因为父母的批评方式不正确，导致孩子出现了比较大的情绪抵抗。

那么如何批评孩子，才能使他听进去，更容易接受呢？

第三节　如何正确地批评孩子

我们需要采取温和、坚定的批评方式。这种方式主要包括三个步骤。

一、主动帮孩子找借口

不管孩子做错了什么，先给孩子找个合理的借口。这可以让他放下防御心理，因为批评一定会有刺痛感。我们可以通过帮孩子找借口的方式，来减少刺痛感，让孩子更容易接纳我们的意见。

比如，我们可以说：

"我知道你不是故意的……"

"你可能没意识到……"

"我猜你也感到后悔……"

"我猜你当时本来想要……"

给出这些借口，是让你跟孩子表达："尽管你犯了错，但我知道你的初衷是好的。"另外，你为了找到借口，会不得不从孩子的角度思考当时的情形，这可以让你有更多的共情心理，同时也能缓解愤怒的情绪。

所以，第一步，帮孩子找借口，把这个借口放在你对孩子进行批评教育的最开始，孩子的接纳程度一定会变高。

二、描述问题

描述问题，就是提供我们最想传递给孩子的意见和建议。

但是，我们依然要艺术化地去处理，要委婉一些。你可以用这样的结构和孩子沟通，叫"不良的行为会造成不良的后果"。

第一，孩子的不良行为是什么；

第二，可能会造成哪些不良的后果，会对别人产生什么不好的影响。

比如，二孩家庭中，哥哥打弟弟，这种情况很常见。其实换成孩子叛逆了，在学校打架了，同样适用。

我们首先要帮孩子找借口，你可以说："我看到你打弟弟了，一定是有什么原因吧？"或者你看到他们两个人的相处过程了，弟弟把哥哥的玩具给弄坏了，那你可以说："弟弟把你的玩具弄坏了，你很生气，所以才打他的，对吗？"

批评的开始，先找借口，和孩子站在同一战线。那孩子可能会跟你做一轮沟通，控诉一下弟弟的错误。

接着，第二步就是用刚才的结构来描述问题。

第一，孩子的不良行为是打了弟弟；

第二，结果是可能会使弟弟受伤，也会让弟弟很难过。

注意，你的批评要针对具体的、外在的行为，而不要针对孩子的个性特点。不要说"你怎么这么霸道啊？！""你怎么这么凶啊？！""你怎么这么不爱护弟弟啊？！"之类的话。

同时，你也可以表达自己的感受。比如，我感觉很心疼，我不希望看到你们兄弟俩打架；或者我感觉很失望，因为你的某个行为，造成了什么不良后果等。

三、制订下一步行动计划

孩子做错事之后，我们需要帮助孩子，找到下一步需要怎么做，这一点非常关键。

虽然孩子做的事情已成定局，但是我们不能让孩子始终沉浸在这种糟糕的感受之中。我们可以采取的做法包括道歉、修复或者积极补救。

说教真的一点用都没有，因为孩子处在情绪脑状态，这个时候完全听不进去。提出一些有启发性的问题或许有助于孩子制订下一步的行动计划。

比如，你可以问问孩子："你能做些什么来让弟弟感觉好一点吗？"

这是一个非常好的问题。因为这能促使孩子采取关爱的行动，而且也暗示了，尽管孩子做过错事，但他仍然是关爱他人的，并且有能力做些有益的事情。不仅如此，孩子主动采取的友善行为比家长强迫他做出的举动要更有意义。

其他有助于孩子规划下一步行动的问题包括："你能想办法解决这个问题吗？""我们怎样做可以防止发生这种情况？""你有什么好办法能更简便地应对这种情况吗？""下次遇到这种情况，你觉得应该怎么做呢？"

如果孩子想不出下一步应该做什么，你可以问一些更具体的问题。比如"你怎么做才能让他知道你感到很抱歉？"或者问一个可供选择的问题，比如"你愿意给他打个电话，还是发个消息？"

有时候你也可以直截了当一点，问孩子："从现在起，你能不能……"如果孩子能够自己想出解决办法，他会更用心地让自己的解决办法奏效。

举个例子，孩子跟同学打架了，按照批评的三个步骤，你应该如何进行批评教育呢？

1.主动帮孩子找借口："我知道你当时正在和同学玩，你也不希望和同学起冲突。"

2.描述问题："你和同学打架，妈妈非常担心你们。担心你受伤，也担心你同学受伤，她的妈妈肯定也是一样的。你对我们来说非常重要。你们两个人的友谊，可能也受到影响了，是不是感觉挺难受的？"

3.制订下一步行动计划："你能做点什么，让他心里好受一点？"

当然，我们要特别注意，在处理孩子叛逆期的问题时，绝对不是只针对那个问题去解决，而是要提前做好预防工作。

重点永远在预防上，而不是纠正孩子的错误行为上。在孩子情绪稳定的时候，我们就应该尝试多沟通，为孩子确立一些行为的规范、要求和边界，这样的方式更加温和，也更加有效。

本章作业

请大家对前面几章的内容做一个复盘，并选择其中的一种情绪管理方法实践一下。在实践过程中，你的情绪状态和孩子的情绪状态有没有发生一些正向的变化？

10

> 第十章 <

掌握教练式亲子沟
通方式，成为教练
型智慧父母

　　本书在第四至第九章，分别对孩子常见的情绪状态进行了分析，并且提供了相应的方法进行实操练习。第十、第十一章，将对家庭教育的两个重要场景——亲子沟通和学习，做更深入的探索。

　　情绪管理是家庭教育的底层操作系统。所以，父母和孩子一定要先学习如何做好情绪管理，这是基础稳定器。

　　而亲子沟通，是家庭教育的最小动作单元。也就是说，在情绪状态稳定的情况下，要学习如何进行良好而有效的沟通，让每一次的亲子沟通，都能为你和孩子的共同成长添砖加瓦。

　　大多数父母在处理孩子的情绪、行为问题时，经常会手足无措，有时候过分包容，有时候过度严厉，严重的，甚至会导致亲子关系出现裂痕。

　　如果你在与孩子沟通的过程中也经常有类似的困惑，那么，这一章提出的"教练式亲子沟通方式"，或许就是你未来重塑亲子关系的"核武器"！

第一节　什么是教练型父母

一、教练型父母的定义

教练型父母是未来家庭教育的一种趋势。

但是，在现实生活中，更多的是保姆式父母或者顾问式父母。

保姆式父母的特点，就是各种大包大揽，总是希望把一切都帮孩子安排好，但孩子往往失去了决策的自由。

顾问式父母的特点，就是各种指责、要求和评判，你按我说的做，肯定没错，孩子往往感受不到平等的尊重。

这两类父母往往是在用自己的负责任打造不负责任的孩子。注意这句话，你越负责，孩子越不负责。方法不对，真的很辛苦，而且往往教育效果不好，亲子关系也非常紧张。

但是教练型父母则完全不同。

教练型父母不会大包大揽，也不会盲目批评指责，他们永远站在孩子的身边，给予无条件的爱，以及无限的信任，相信孩子可以拥有开悟的能力，拥有自主选择的能力。通过教练式沟通的方式，来挖掘和激发孩子的内在潜能，帮助孩子发现自身的更多可能性，从而让孩子真正成为他自己，为自己的人生负责。

所以，教练型父母往往能够实现更好的家庭教育效果，同时亲子关系和夫妻关系也会更加和谐、幸福。

二、为什么教练式沟通会如此神奇

在一个足球队，或者其他运动团队当中，总教练下面还有教练，叫coach；还有训练师，叫trainer。但是，教练和训练师是完全不同的两个概念。

教练，coach，这个单词是从带有四个轮子的马车（stagecoach）延伸而来的；训练师trainer的词源是火车（train）。

从单词就可以看出教练式对话的神奇之处了。用马车和火车来做比较，大家想想看，马车和火车的差异是什么呢?

火车是沿着设定好的路线前往指定的目的地；而马车，是由乘客自己来决定目的地。

这是根本性的不同。

过去很多教育孩子的方法，其实都跟火车行驶一样，先给孩子定好目的地，再由父母想方设法把孩子送过去。

但是，如果想要挖掘孩子的潜能、激发孩子的内驱力、培养孩子的各种能力，父母要扮演的一定是驾驶马车的教练角色，而孩子才是决定马车方向的主人。

父母进行教练式沟通的出发点是，"孩子，你和我同行吧，我陪着你一起"。我们以孩子未来的可能性为基础，和孩子是一种平等的伙伴关系。而且，我们不是老师，也不是顾问或者咨询师，我们不需要直接给孩子提供答案或建议，而是要协助孩子自己找到答案。

所以，教练型父母是不能带有自我（ego）的。也就是说，我们是尊重孩子的无限可能性的，而不是事先就要认定一个解决方法和答案，强行灌输给孩子。因为，每一个孩子都是不同的，我们无法断定自己的方法就一定适用于孩子的成长。

第二节　教练型父母的五大原则

我们把教练对象聚焦到孩子身上，就可以找到教练型父母的五大原则。

一、每一个孩子都是OK的

这句话的意思是说，每一个孩子出生的时候，都是带着自己的使命、自己的状态来的，每一个人本来的样子都是OK的。

这里，我们一起来做个小游戏。

闭上眼睛，想象一下，假如现在孩子来到你面前，很急切地想通过与你的对话获得一些帮助。此时，你的内心声音是这样的："我正紧张工作，孩子怎么这么麻烦？"带着这样的一个内在声音，你开启了对话，你可以感受一下自己会是怎样的状态。

然后，换一种内在声音，当他来到你面前的时候，你心里想的是："孩子遇到困难了，他需要我的帮助。"带着这样的一个内在声音去开启对话，你会是什么样的状态呢？

现在，如果我们再换一种内在声音："孩子是一个正在学习成长的人，我相信他是OK的，他是有潜能的。"带着这样的一个内在声音，再来感受一下自己的状态。

你是否体验和觉察到，当你带着不同的内在声音投入一场对话时，你的感受是完全不同的。

如果你觉得孩子很麻烦，你就会很敷衍，恨不得很快就结束对话。如果你觉得你应该帮他，那你就会不由自主地想要给他提建议。但当你把他定为一个"在学习成长的人""我相信他是OK的，他是有潜能的"时，你就会更愿意去听他说，更愿意去思考："孩子的潜能在哪里？我该如何挖掘出他的潜能呢？"

作为教练型父母，我们一定要秉持着"每个孩子都是OK的"原则去接纳孩子，也接纳自己。当我们认同这一点时，对孩子就会少了很多的评判，多了很多的平和，也能更好地与孩子建立亲和的关系。

我们只需好奇，无须评判。

二、每一个孩子，都拥有成功所需要的资源

这一点对很多父母都比较难，因为我们一看到孩子需要帮助，就忍不住想要利用自己的经验给孩子提建议，教他应该怎么做。其实这种建议，对孩子来说，就已经有了对他个人的评判，觉得他是不OK的，他是做不到的，他是没有资源和能力的。

我们将心比心，假如你是公司的领导，有员工过来告诉你，这个项目不知道该怎么做。

这个时候，如果你觉得员工没有成功所需的资源，可能就会直接给建议，甚至自己替他去做。导致的结果通常是，你自己累得够呛，下属反而没事做，甚至会抱怨，觉得在你这里没有成长。

如果我们进入教练状态，相信他有资源，只不过是遇到了一些障碍，我们可以引导他去发现那些资源，支持他使用那些资源。

所谓当局者迷，我们作为教练型父母，其实就是帮孩子拨开迷雾，让孩子能够聚焦于真正重要的资源上，但这个前提，一定是我们相信孩子是拥有这些资源的。

三、每个孩子做出的都是当下最好的选择

很多人刚听到这句话的时候会不理解，因为我们经常听到这样的话语：

如果当初我要是……那我一定不会……

比如，如果让我再选一次的话，那我一定不会嫁给他。

但是，想一想，真的回到当初的那一刻，我们还是会做出同样的选择。

因为在那个时刻、那个环境下，以我们所能获得的所有信息，我们所做出的，一定是最好的选择，因为我们肯定不会做出对自己有害的选择。

那个时候的选择，真的就是我们能做出的最好的选择了，我们已经尽力了。

回到那个时刻，我还是会选择这个人做我的老公。

回到那个时刻，我还是会选择上那所大学。

回到那个时刻，我还是会选择这份工作。

我们都尽自己所能，做到当下能做到的最好了。所以我们是不需要懊恼、后悔的。

这个原则在提醒我们：要多关注当下和未来，而不是沉迷于过去。

千万不要在孩子面前翻旧账，引导孩子不要陷入对过去的后悔或者懊恼中，要和孩子一起探讨"如何在当下做出最好的选择"。

四、每个行为背后都有正向意图

苏格拉底曾经讲过一句话，无人有意作恶。

也就是说，人们的意图和动机总是正向的，只是人们为了这个意图，采取的行为未必有效、未必正确。

这并不是说我们要接受所有的行为，而是我们在看到行为结果的同时，也要理解行为背后的正向意图。

对于教练型父母来说，激发孩子潜能的前提，是挖掘孩子行为背后的正向意图。

很多孩子，在学校里表现得特别乖，但是回到家里，见到父母之后，经常大喊大叫，发脾气。但他们可能是希望通过这种方式，来获得父母的关注。

还有的孩子，青春期叛逆，用退学来威胁父母，而背后的正向意图，是因为父母长期以来只关注孩子的学习，让孩子压力很大，所以孩子选择用退学来威胁父母，希望父母理解自己更多的成长需求。

类似的例子非常多。我们作为教练型父母，一定要时刻提醒自己，孩子犯了一些错误，出现了一些异常的行为，背后都是有正向意图的。

我们不要评判孩子的行为，而是要尝试去理解：孩子为什么会这样？他背后的意图是什么？当我们开始真正践行这条原则的时候，就会发现：理解孩子的行为意图，会让我们自己心胸开阔；反思自己的行为意图，我们将更加了解自己。

五、改变是必然会发生的

这其实就是成长型思维。

这个原则对于教练型父母来说是非常重要的。

我们要相信孩子内心改变的意愿，相信每个孩子都是希望自己可以变得更好的。这样就不至于因为孩子的某一个或者某一阶段的行为，轻易给孩子贴标签、下定义，同时也能够有更多的耐心，去引导孩子发生改变，静待花开。

第三节 父母如何进行教练式沟通──GROW 模型

教练式沟通有非常多的模型和工具，而且需要不断地刻意练习，才能熟练掌握。

对于亲子沟通来说，可以使用最经典、最被广泛应用的GROW模型，这个模型来自《高绩效教练》这本书，它没有过于高深的理论，方法非常落地。

教练式沟通最重要的就是提问。一个好的问题，可以启发孩子进行思考，并且主动分享自己的想法。但一个坏的问题，很有可能让孩子感到很不舒服，因而不愿意做更多的交流。

比如，孩子做作业，结果被一道题给难住了，然后向你求助该怎么做。

坏的问题是："这道题不是以前已经做过了吗？怎么还没学会啊？""为什么你不去翻翻书，再复习一下知识点呢？"

好的问题是："这道题看上去好像有点熟悉，我们是不是曾经一起做过？""这道题涉及哪些知识点，可以重点复习一下吗？"

为什么在教练式沟通中好的问题如此重要呢？

因为好的问题都具有包容性，它不会对孩子进行评判，而是把主动权交给孩子，启发孩子进行思考，自己去找到答案。

那么，具体应该怎么操作呢？我们来了解一下GROW模型。

一、G：目标（Goal）

第一步，是帮孩子明确目标，调整聚焦点。这里不是说父母要给孩子制定一个目标，给孩子定一个KPI，而是帮孩子梳理他的目标。因为孩子在遇到困惑的时候，自己是比较混乱的，父母通过一系列的教练式提问，可以帮助孩子把关注点聚焦在目标上，这样能够激发孩子的内驱力，因为那个目标一定是他自己想要实现的，而不是父母强加给他的。

我们在提问的过程中，不要进行评判和指责，要用一种尊重和认可的态度来引导孩子梳理出自己的目标。

常用的问题有：

你要实现什么目标？

具体的指标是什么？

打算什么时候实现？

你能想到的最佳状态是什么样子的？

……

下面用一个简单的案例，把GROW模型串起来讲。

比如说，孩子写作业写得崩溃了，我们需要用之前的情绪管理模型，先把孩子的情绪稳定下来，之后，就可以尝试用GROW模型来沟通。

你可以说："那你今天本来的作业目标是什么呢？"

孩子会说："我本来想晚上9点就写完的，但现在都8点了，我感觉写不完了。"

二、R：现状（Reality）

第二步，梳理现状，找到现实和目标的差距。

这一步的重点是父母通过提问来引导孩子对自己所处的现状进行分析，认识到现实和目标的差距，以及出现差距的原因是什么。这些信息有助于孩子更加冷静客观地去面对现状。

常用的问题有：

目前的情况或者现状是什么？

你都做过哪些努力？效果如何？

是什么原因阻止你不能实现目标？

跟你有关系的原因有哪些？

在目标不能实现的时候，你有什么感觉？

……

比如，你可以问孩子："你为了按时完成作业，都做了哪些努力？效果怎么样？"

孩子说："我一直在写，但是写得很慢。"

你问："是什么阻止你没办法按时完成呢？"

孩子说："我本来应该6点就开始写的，结果磨蹭到7点才开始。"

注意，孩子很可能在对话过程中主动分析出自己的问题和缺点，但如果你上来就说"谁让你那么晚才开始写的",孩子内心只会充满敌意,更多的是对父母不理解自己的抱怨,而不是思考自己怎么才能把作业尽快完成。

你继续问:"还有什么原因吗?"

孩子可能会说:"还有我写的时候,有点着急,老是担心写得太慢,结果就分心了。"

"还有吗?"——这个问题,很有魔力,可以帮孩子去延伸思考。

孩子会说:"这次作业的知识点,我之前没复习,所以做起来就很慢。"

通过不断发问,让孩子自己去梳理现状,发现问题,这种问题才叫可以被解决的问题,因为这是孩子自己说出来的,自己认同和总结的。

三、O:选择(Options)

在梳理现状的过程中,孩子会意识到现状和目标的差距,以及具体的问题是什么,从而衍生出更多的选择。然后我们可以引导孩子,把各个选项列出来,去发现更多的可能性。

常见的问题有:

你有哪些办法来解决问题?

在相似或者相同的情况下,你听过别人用什么方法来解决这个问题吗?

如果这样做的话,结果是什么?

你认为哪一种选择是最有可能成功的?

这些选择的优缺点是什么?

请陈述你采取行动的可能性,1—10分,你的打分是?

调整哪个指标,可以提高行动的可能性?

……

比如,你可以问孩子:"你现在想要按时完成作业的话,有什么方法吗?"

孩子会说:"我可能得重新把知识点复习一遍。""我不能太着急,着急也没用。"孩子甚至还会对未来做一些新的调整,比如:"我以后要早点写作业,不能太晚了。"

　　总之，这个步骤的核心目的，就是穷尽各种方法，帮助孩子挖掘各种可能性。

四、W：意愿（Will）

　　最后一步，万事俱备，只欠行动。

　　我们可以通过发问来帮助孩子，建立一个相对完整清晰的行动方案，并且夯实他们的意愿，让他放心大胆地去执行自己的思考结果。因为这个行动计划是他自己主动制订的，相当于自己做出的承诺，要比我们给他下达的命令更有内驱力。

　　常见的问题有：

　　你接下来打算怎么做？

　　什么时候做，效果是最好的？

　　过程中，可能会出现什么困难？

　　你打算如何克服这些困难？

　　你可以寻求谁的帮助？

　　你什么时候可能需要别人的支持？如何获得这些支持？

　　……

　　你可以问孩子："接下来，你准备先做什么呢？"

　　孩子说："我要先把知识点复习一遍，然后尽快开始写。可能今天会晚一点完成，但以后早点开始，应该就不会这样了。"

　　这样一个完整的GROW模型对话就完成了。

　　不评判，不诱导，不提建议，让孩子自己分析和解决问题，才是孩子最棒的成长路径，同时，也能够很好地提升亲子沟通的效率。

第四节　对话案例

为了使大家对GROW模型更有感觉，以下两个案例，供大家参考。

一、孩子转学后进入新环境很不适应，应该怎么办

我家老大之前刚从朝阳区转学到西城区的时候，非常不适应，学校管理更严格了，他也离开了自己的好朋友，而且我们每天早晚需要开车近两个小时接送他上学，孩子对转学这件事情就很不开心。

我决定按照GROW模型与孩子对话。

第一步，要明确孩子的目标，帮他梳理出自己内心最想要的到底是什么。因为很多时候，孩子讲出来的话，不一定是他内心最想要的。就像我家老大，那段时间一直说，他想转回到朝阳区。但真是如此吗？需要通过提问来帮他进行梳理。

我先问孩子："孩子，你感觉转学之后怎么样？"

"特别不好，我不想转学！"

"嗯，看来转学之后，你感觉不太好。那你觉得，如果现在再转回之前的学校，需要做些什么吗？"

顺着孩子的回答，不去评判，只提问就好。他不想转学，那就按照不转

学来问。

结果，孩子说："现在还怎么转，肯定转不回去了。"

他心里也知道，自己说的都是气话。

我继续去梳理他心中的那个目标："那如果不能转学的话，你希望达到的目标是什么呢？"

"在新学校感觉好一些呗。"

第一步基本完成，我梳理出他的目标不是要转回去，而是希望能够尽快适应新学校，感觉好一些。

第二步，梳理现状。

我再问："那你觉得现在的新学校哪些地方让你感觉不开心呢？"

孩子开始"吐槽"了："我没有朋友，学校的足球场太小了，厕所也太小了，而且那个门正对着我们班！"

我继续问："还有吗？"

"每天上学太累了，来回路上要两个小时，我写完作业都没有玩的时间了！"

第三步，选择。

我问孩子："那你觉得这些问题有没有什么解决方法呢？"

我开始针对他"吐槽"的点，一个一个问。比如，没有新朋友怎么办，学校厕所太小怎么办等。

孩子开始一个一个地思考解决办法：

"我感觉同桌还不错，可以跟他做朋友。"

"学校足球场太小，倒是不影响我发挥，而且我是我们班踢得最好的。"

"厕所对着班级也没什么，我上厕所还挺近的。"

"就是上学放学太不方便了。"

一旦把解决问题的权利交给孩子，孩子就会主动去想办法，而且会从正面的角度去思考和解决问题。

具体到上学放学，可能他依然没有解决方案，那我就再次延伸对话：

"那你觉得怎么做，能够解决上下学的问题呢？"

"要是能住在那边就好了。"

"还有吗?"

"或者把我的学习机带上,在车里还能听会儿故事,做一会儿作业。"

关于这个问题,孩子也找到了自己的解决方案。

第四步,行动。

"那你接下来计划先做什么呢?"

"我明天要带着学习机。"

"还有吗?"

"我可以多找一些同学聊天,每次我一讲到《我的世界》这款游戏,他们就全都围过来了。"

"那还有什么需要爸爸帮助的吗?"

"咱们在西城租个房子吧。"

"行,爸爸妈妈已经开始找房子了。"

你看,孩子的行动计划也陆续制订出来了。

这就是一个完整的GROW模型对话的过程。

二、孩子厌学怎么办

我们再看一个案例,这个案例相对简单一点,是一个父亲跟自己的孩子做教练式沟通的过程。

孩子已经上高三了,成绩不太好,很厌学,父亲就用GROW模型来进行对话。

父亲:你的目标是什么?

孩子:我想当明星。

父亲:那你的现状是什么?

孩子:我应该上电影学院,这样我才有机会。

父亲:那你为此做过什么努力吗?

孩子:什么也没做过。

父亲：你认为自己差在什么地方？差距在哪里？

孩子：我现在专业课问题不大，每天都在练习表演，但是数学、英语还差一点，不然我一定能考上电影学院。

父亲：那你需要什么帮助呢？

孩子：你给我找数学和英语的补课老师吧。

经过补习，这个孩子最终如愿考入了某电影学院。

这是一个相对简单的对话过程，同样是非常有效的。

需要注意的是，在进行GROW模型对话的过程中，最开始可能需要你对照着问题框架去问，但随着练习的深入，这些问题会逐步渗透到你的语言体系当中，形成一种教练型思维，进而和孩子的对话也会越来越顺畅。

我们一定要了解，作为教练型父母，并不是要给孩子提供解决方法，而是要让孩子自己找出答案，我们仅仅是给予协助。

送给大家一段歌德的话：依照一个人表面的样子去对待他，他就只能维持表面的样子；依照一个人的潜力去对待他，他就能成就他最好的模样。

把某个孩子看成问题儿童，那么他就会一直是问题儿童。但如果相信他未来会成为优秀的人，并且帮助他的话，他就能成为优秀的人。

本章作业

假设你最近遇到了一个困惑或者难题，抑或是一个两难的选择，请尝试用GROW模型写出你的思考过程。你可以按照下面的GROW模型问题清单来思考。

G：目标	R：现状	O：选择	W：意愿
◆ 你要实现什么目标？ ◆ 具体的指标是什么？ ◆ 打算什么时候实现？ ◆ 你能想到的最佳状态是什么样子的？	◆ 目前现状是什么？ ◆ 你都做过哪些努力？效果如何？ ◆ 是什么阻止你不能实现目标？ ◆ 跟你有关系的原因有哪些？ ◆ 在目标不能实现的时候，你有什么感觉？	◆ 你有哪些办法来解决？ ◆ 在相似或者相同的情况下，你听过别人用什么方法来解决这个问题的？ ◆ 这样做的话，结果是什么？ ◆ 哪一种选择你认为是最有可能成功的？ ◆ 这些选择的优缺点是什么？ ◆ 请陈述你采取行动的可能性，1—10分，你的打分是多少？	◆ 你接下来，打算怎么做？ ◆ 什么时候做，是最好的时机？ ◆ 过程中，还可能会遇到什么困难？ ◆ 你打算如何克服这些困难？ ◆ 你可以寻求谁的帮助？ ◆ 你什么时候可能需要别人的支持，如何获得这些支持？

11

> 第十一章 <

孩子拥有了学习力，就拥有了人生的选择权

学习，是孩子培养各种能力，实现富足人生过程中的练兵场。

当然，这不是唯学习论，而是要让孩子把学习当作自己提升各种能力的跳板，见识更广阔世界的通道，以及实现富足人生的路径。

我们作为家长，要做的事情，并不是逼着孩子每天去完成各种学习任务，拿到优异的学习成绩，而是要引导孩子在学习的过程中培养强大的学习力。

掌握了学习力，就拥有了人生的选择权。我们鼓励孩子去学习，是为了让孩子未来能够对自己的人生负责，在面对人生的各种挑战时，有更多的自主选择权。

很遗憾，传统教育中，无论是学校还是家长，都很少系统地锻炼和培养孩子的学习力。

我们更多的是关注各种学科的学习方法，比如英语怎么学、数学怎么学，但底层的学习力、系统的方法论并没有教授给孩子。所以很多孩子一旦离开学校，没有了老师或者家长的要求，失去了那种每天学习的环境，在独自面对一些新领域、新环境时就会非常迷茫，不知道该怎么办。

在家庭教育这件事上，没有人天生就是专家。如果我们能够拥有强大的学习力，就能够更加快速地掌握家庭教育的核心内容。

第一节　提升学习力的底层逻辑

一、学习力的定义

学习力，是我们与这个世界产生连接，发生关系，并创造价值的最底层的一种能力。

当孩子拥有了强大的学习力，在面对任何一个新领域、新环境、新挑战时，都可以套用这一整套的底层逻辑和方法论，来更加快速和高效地掌握和学习技能。

二、学习的底层逻辑

学习的三个底层逻辑分别是：认知、方法、行动。

也就是说，我们在学习任何一门知识或技能，探索任何一个领域的时候，都可以从这三个层面入手：

认知层面，讲的是孩子的学习动力和学习态度；

方法层面，是说孩子的学习方法和学习效率；

行动层面，是说孩子能够把前面的认知和方法真正落地，而且在各种挫折面前依然能够坚持行动。

这样，学习的逻辑就非常清楚了：有什么样的认知和信念，就会有什么样的方法和效率，也就会有什么样具体的行动和结果。

三、学习的黄金圈法则

学习的三个底层逻辑可以用一个模型来表述，那就是：黄金圈法则。

我们看下面这张图片：

黄金圈是由三个圈组成的，最外边的圈是做什么，中间的圈是怎么做，最里边的圈是为什么。

黄金圈告诉我们：在学习任何东西、做任何事情之前，一定要先问为什么，其实就是你的学习动机是什么；然后再想怎么做，也就是学习的方法；最后，做什么，就是学习过程中的持续行动。

例如，我之前有一个学员，当时她要考雅思，问了我一堆关于单词、听力、作文的问题，我就说，咱先不着急，我问她为什么要考雅思？

她听完之后一愣，可能从来没有想过这个问题，她想了一下说："因为我上学的时候就一直想考雅思，这是我的一个梦想。"

我再问："上学的时候为什么想考雅思呢？"

"因为当时想出国读研。"

"为什么想出国读研呢？"

"因为觉得出国回来，能够找一份好一点的工作。"

"那你现在的工作呢？"

"我现在很喜欢自己的工作啊。"

"那你为什么要考雅思？"

女孩听完之后，想了想，说："谢谢老师，我不考了。"

这个女生考雅思，根本就没有考虑为什么的问题。当年考雅思是为了出国回来找一份好工作，但是现在她的工作已经很好了，她很满意，对她来说，最重要的是把工作技能磨炼好，而不是花时间去完成一件已经没有意义的事情。

我们也发现，很多孩子一直都是被推着学习，动机是不清晰、不强烈的，所以过程中，无论是学习效率还是效果都会打折扣，而且一旦遇到困难或者挫折，孩子很容易停滞或者放弃。

所以，再次强调一下，无论是对于孩子还是对于成年人来说，学习的底层逻辑就是三个层面：认知、方法、行动。

接下来，就从这三个层面分别阐述，我们作为父母如何给予孩子帮助和引导。

第二节　如何培养孩子的内驱力？建立目标感

首先来看认知层面。最关键的，是要培养孩子的内驱力。如果孩子对于为什么要学习的认知是非常清晰的，那么他就能够更加独立自主地去学习。

如何提升孩子的内驱力呢？三个字，目标感。

只有帮助孩子建立学习的目标感，才能真正激发出足够强的学习动力以及学习过程中的爆发力和持久力。

最底层一定是孩子要有目标。有了目标，才有方向感。

为什么很多孩子甚至成年人都喜欢玩游戏呢？因为游戏中是有着明确清晰的目标的，孩子为了实现那个目标乐此不疲，不论输了多少把，还是要不停尝试。大家想想，如果孩子能够像对待游戏那样对待自己的学习，那岂不是很好？

那么，如何帮助孩子建立学习的目标感呢？

一、目标的分类：长期人生目标和阶段性目标

我们可以先对目标进行分类：一类是长期的人生目标，另一类是中短期的阶段性目标。

长期人生目标，就是我们到底想成为什么样的人，希望达到什么样的成

就和状态。这个看上去好像和孩子的学习无关，但我还是希望大家能够在孩子的成长过程中有意识地让孩子多去体验这个世界，找到自己真正想要的那个长期的人生目标。

我也建议家长可以尝试去思考你的人生使命是什么。当你找到那个使命之后，那种底层的驱动力是极其强大的，可以减轻你的各种焦虑，因为你心中始终有一座灯塔是亮着的。

对于孩子来说，过早地谈人生使命，他是比较难感受到的，因为他的生命才刚刚开始，还只是在初期的体验阶段。所以，在长期人生目标方面，家长应该做的是让孩子有更多的体验，去体验不同的人事物，学习不同的知识和技能，去不同的地方见识不同的风土人情，从而提高孩子尽早找到自己人生使命的概率。

另一类目标，是中短期的阶段性目标。

阶段性目标，其实更适用于孩子的学习。但是，对孩子来说，让他独自去制定目标，是很困难的事情。而很多家长给孩子制定的目标，孩子通常都不愿意接受。为什么？因为制定目标的方法错了！

二、如何利用OKR帮助孩子制定学习目标

我们先看一下，以下几个目标，是不是好的目标。

努力提高语文成绩；

每天练习跳绳；

多练习钢琴，完成钢琴考级；

……

其实，这些目标都是不合格的。

在制定目标方面，大家可以系统地学习一下OKR目标管理理论。不论是对孩子还是对家长来说，OKR都是一个用于目标管理的超级利器。很多家长把这套方法应用到孩子的学习和生活方面，取得了特别好的效果。

什么是OKR呢？

OKR由两个部分组成，一个是目标O，另一个是关键结果KR。

O，是英文objective的首字母，也就是目标的意思。但是，这里对目标的描述，一定要有画面感，要能够激发孩子的热情和使命感，每次看到都能让孩子心潮澎湃。

比如，像练习钢琴，完成考级的目标描述，孩子一听就感觉是为了完成任务，很枯燥。我们怎样最大限度地激发孩子的使命感和热情呢？

我们可以尝试调整一下："我要认真练习钢琴，完成钢琴考级，登上更大的舞台。""我要成为全校第一个拿下钢琴×级的人！""我希望为全校同学和家长表演一场精彩的钢琴独奏！"

这么一调整，孩子脑海中是有画面感的，而且能够激发他底层的内驱力。

KR代表key results，也就是关键结果。完成了KR，就证明目标实现了。要注意，KR一定是可以量化的。

为了实现这个目标，孩子需要怎么做呢？

首先，得增加每天的练习时间。我们可以和孩子商量，确定第一个KR：每天练习钢琴1小时，每周练习5天。

再想，既然想考级，那么就得制定一个明确的考级规划，当然，难度要适中，不要一下子把孩子吓倒。那第二个KR就出来了：3个月内，拿下钢琴×级。

还有，既然想参加演出，那就需要提前准备。那第三个KR就出来了：在年底的汇报演出之前，每天练习演出曲目3遍。

这样一个完整的OKR就完成了，既能够激发孩子的使命感和热情，同时也把目标真正落实到了计划和行动当中，而不是那种空洞的、没办法具体实操的目标。

定了目标之后，我们还需要对进度进行把控，每天的目标完成进度、每周的完成进度、每个月的完成进度，都需要家长和孩子一起查看。如果目标实现了，孩子当然会非常开心；如果没有实现，家长要和孩子一起复盘，看是目标定得太高了，还是过程中出现了什么其他问题，要立即解决。

这样，孩子就完成了一个完整的OKR目标的冲刺计划。

当孩子实现了自己制定的目标后，那种成就感对孩子的正向反馈要比他玩游戏、看动画片开心得多！

下面再给大家提供一个OKR目标的模板，供大家参考。

比如，孩子希望提升自己的英语成绩。

O：

认真学习英语，成为家长的英语老师！

认真学习英语，让英语成为自己优势最大的科目！

认真学习英语，成为全班英语最棒的人！

认真学习英语，拿下全班英语成绩第一名！

……

总之，这个目标是孩子非常在乎，非常期待能够实现的。

KR：

每次上英语课前，进行10分钟预习，课上认真听课，课后做10分钟复习；

一周3次英语课文朗读练习，每次练习半个小时，并打卡；

每周末阅读《哈利·波特》英文原著1小时，并打卡；

参加两次英语课外班，并教家长课程内容；

……

总之，KR一定要可量化，只有量化的目标才能够追踪有没有完成，一目了然，也方便孩子获得正向反馈。

三、帮助孩子制定目标时的三个注意事项

在学习了OKR目标管理方法之后，家长还需要知道，在帮助孩子制定目标的过程中，有三个注意事项。

1.使用教练式沟通，通过提问引发孩子思考

这个目标一定是他自主确定的，而不是家长帮他制定的，否则强加的目

标会让孩子反感。

2.对于孩子的目标不能听之任之，也不能定得过高

家长不能为了尊重孩子，完全听孩子的意见，尤其是初中之前的孩子，年龄还小，定目标是需要家长辅助的。同时，也不能把目标定得过高，最好是跳一跳能够得着的，这样孩子能一点点地实现目标，也能一点点地积累自信。

3.要高度重视目标的制定

OKR的核心是让孩子有内驱力，有强烈要实现目标的欲望，有画面感和使命感。孩子能够通过这个目标感受到自己的价值。

第三节　如何培养孩子的专注力？享受心流体验

了解完认知部分，也就是如何解决孩子的学习动力问题后，接下来，探讨一下有关孩子的学习方法和学习效率问题，我们需要帮助孩子养成专注力。

专注力的提升，不仅会让孩子在学习方面受益，在人生的其他方面也会受益。强大的专注力是非常重要的武器，它可以让我们在面对各种挑战和目标的时候，能够沉浸式地投入其中，并且不断取得结果，获得正向反馈。

一、保持深度专注的心流状态

大家想一想，在你的成长经历中，有没有这种体验：

你在学习、看书或者工作的时候，太专注了，以至于进入了一种忘我的状态，效率特别高，吃饭睡觉都顾不上了，玩游戏都不积极了。

这种状态，其实就是心理学上的一个现象：心流。

心流，英文叫flow，这个概念源于米哈里·契克森米哈赖教授，他有一本很经典的书叫《心流：最优体验心理学》。

所谓心流，就是你全身心地投入某件事情，进入了一种全神贯注、不受打扰的状态，甚至忘记了时间的流逝，等到结束才发现已经过了很长时间。

这是一种非常美妙的状态。当人们进入这种状态的时候，注意力是完全集中的，行为和意识融为一体，有一种超强的控制感和愉悦感，浑然忘我，物我两忘。

当一个人进入这样的状态后，不仅学习和工作成果显著，非常快乐，甚至不会感觉到疲惫。

大家可以看下心流通道的图片。

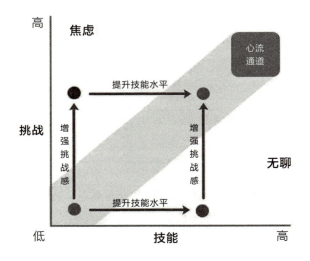

要想进入深度专注的状态，进入心流的通道，我们需要关注两个方面，也就是图中的横轴和纵轴。

横轴代表孩子学习的能力水平，从左往右能力逐步提升；

纵轴代表学习的困难和挑战程度，从下到上逐步提高。

如果孩子本身学习能力很强，但是学习的内容很简单，他就会感到无聊；如果孩子本身学习能力较弱，结果给了他一个特别难的任务，那么他就会感到焦虑。

比如，你让一个三年级的孩子去看幼儿用的识字卡，他翻一翻就不看了；你让一个幼儿园的宝宝去做小学一年级的数学题，很容易把孩子整崩溃了。

当挑战难度和孩子的能力水平刚好比较匹配的时候，孩子更容易进入心流状态。

二、家长如何帮助孩子进入学习的心流状态

大多数情况下，孩子不会因为学习太简单而感到无聊，通常都是孩子面对作业、考题，觉得太难了，很焦虑，这时候就需要家长的帮助了。

具体应该怎么办呢？给大家提供三个方法。

1.帮助孩子个性化调整难度

很多家长觉得，孩子的学业难度应该由学校的老师来负责。

其实，这是一个很大的认知误区。

国家设置学校教育，是很难做到完全因材施教的，因为学校教育的核心目标是提升国民整体的受教育水平，所以在教材的选择、作业的安排、教学的进度等方面，只能按照大多数孩子的能力水平进行设置，没办法根据孩子不同的水平进行个性化的调整。

有的孩子可能整体上需要慢一些，有的孩子可能会快很多，这都是正常的。关键是，我们要帮助孩子找到那个可以让他进入心流状态的任务难度，从而锻炼和提升他的专注力水平。

所以，对于孩子的作业，家长还是要尽可能参与其中，尤其要结合孩子的学习表现，来调整难度。

2.引导孩子分解目标

有些课程作业难度比较大，但学校老师的要求得完成，那怎么办呢？

我们要引导孩子学习分解目标。

以前面提到的学习钢琴的OKR目标为例，如果孩子在最开始的时候遇到了一支比较难弹的曲子，那么，我们可以引导他对整个曲子做分解。先弹第一个小节，然后重复弹这个小节，等熟练之后，再去弹第二个小节，以此类推。

再比如，孩子写数学作业，有一道题不会做，孩子要崩溃了。这个时

候，我们可以引导他去看教材上的知识点，做一次复习，并把类似的练习题复习一遍，这就是在分解目标。

孩子要写作文，憋了很久写不出来。那我们可以让孩子先不要着急写，先用简短的文字把整个故事写出来，搭一个结构，再分别进行扩充。

其实，不仅是对孩子，即便对于成年人来说，在面对很多困难复杂的挑战时，也要有分解目标的能力。比如，我们的团队在筹备亲子情绪管理训练课的时候，要设计的内容非常多，包括课程内容、录制和剪辑，还有社群的运营、作业的反馈、直播的答疑、社群的各种活动等。如果一下子面对这么多的内容，很容易会有逃避和畏难心理。但是，先分解目标，再一点点去梳理，就会越来越顺畅。

核心就是一句话：天下大事必作于细，天下难事必作于易。这也是OKR目标管理体系的核心逻辑：把O拆解成KR，再把KR拆解成月计划、周计划以及每天的计划。

3.设置正向反馈积分表

大家可以尝试给孩子设置一个正向反馈积分表。

为什么大家都很喜欢玩游戏？除了游戏中有明确的目标外，特别重要的一点是，在游戏过程中，系统会不断地给玩家提供正向反馈。

你打败一个小怪，分数会升级，装备也会升级；即便你打输了，也能积累一定的经验值，而且还可以用这些积分、经验来兑换奖励，这会让玩家欲罢不能。

但是，学习这件事，是很难的。孩子可能做了很多道题，不仅没有得到正向反馈，反而错了不少，深受打击。所以，我们可以给孩子设置相应的正向反馈积分表，及时对孩子的学习行为进行鼓励和赞赏。

举例来讲，孩子给自己设置了3个月学习英语的OKR，那么每一次完成学习计划后，我们都可以给孩子一定的积分，积分累加到一定程度时可以兑换成孩子喜欢的礼物，或者想要实现的愿望。

给大家推荐一个非常好用的方法，一款App也与之同名，叫番茄工作法。

即让孩子专注学习25分钟，然后休息5分钟。如果孩子做到了，就算完成了一个番茄。这也是一种正向反馈的记录。

在OKR目标管理体系当中，要把OKR目标拆解成月计划、周计划，还有每天的计划。每天的计划就是最重要的三件事，然后再分解为具体的行动，用番茄工作法来搞定。

再向大家推荐一款App，叫专注森林（Forest），是一种改编后的番茄工作法。只要专注学习一段时间，就能够种一棵树。我家小朋友每次感觉自己状态不好的时候，都会把自己的学习机打开，开始种树。这样可以很好地帮助小朋友进入心流状态。

第四节　如何培养孩子的抗挫力？成长型思维

孩子在学习过程中，最重要的一种能力，是抗挫折能力。

孩子是有内驱力的，有了方法，孩子就能够专注地去学习，但是你会发现，孩子的状态可能很难保持。尤其是遇到困难，或者遭遇了一些失败，孩子很容易会陷入低落、悲伤甚至崩溃的情绪中。这就是在考验孩子的抗挫折能力。

如何提升孩子的抗挫折能力呢？核心依然是成长型思维。

关于成长型思维，之前已经提到过很多次了，但在这里，我想把它延伸一下。成长型思维，源于卡罗尔·德韦克的一本书《终身成长》。

一个人通常有两种思维模式，一种叫固定型思维，另一种叫成长型思维。可以把这两种思维做一个对比：

有成长型思维的孩子，相信世界上没有一成不变的事情，心态好，相信事情会往好的方向发展。他能从错误中学习经验，别人的成功能给他启发。这种孩子会觉得努力和态度非常重要。成长型思维，说白了就是一系列积极的人生态度。

有固定型思维的孩子，遇到困难会选择放弃，不愿意别人批评他，不想做自己能力之外的事情，看到别人成功了他会感到威胁。他认为很多事情都是一成不变的，甚至是注定的，看不到努力和坚持的作用，会更倾向于相信一个人的成就来自天生的、无法改变的天赋或者是出生时拥有的资源等。

遇到困难的时候，有成长型思维的孩子和有固定型思维的孩子，表现是不一样的。

从学习角度来看，无论孩子喜不喜欢学习，无论孩子是学霸还是"学渣"，学习都不是一帆风顺的，学习的过程中都会遇到各种问题。

比如，有的小孩看别人弹钢琴好厉害，自己也想学，就让家长给他找老师，开始学弹钢琴。一开始他可能挺好奇的，学了一段时间，发现自己学得慢，别的小朋友比自己弹得好，他就想放弃了。几乎所有人在学习的时候，都会经历这个阶段。

这时候，有成长型思维的孩子就会说："我再试试看。""我找人帮帮忙。""我好像有感觉了。""终于有进展了，我当初没有放弃是对的。"然后他就跨过了这个阶段。但缺少成长型思维的孩子，还没跨过这个阶段，就放弃了。

那么，我们作为家长，应该如何帮助孩子培养成长型思维呢？

一、家长要告诉孩子这四个字：暂时没有

国外有所学校，那里的学生如果毕业考试没有通过，成绩单上不会写"不及格"，而是写"暂时没有通过"。

因为如果告诉学生不及格，学生就会想，完了，我考试失败了。

但如果告诉他只是暂时没有通过，他就会想，我的学习没有到此为止，我要接着努力，争取下次通过考试。

所以，如果孩子告诉我们，他英语不好，作文不好，数学不好……你可以告诉他，你只是暂时没学好。

这是一种非常有效的心理暗示，他会知道学习成绩是随着时间变化的，一时的挫折和失败是很正常的。

二、要学会正确地鼓励和夸奖孩子

鼓励和夸奖孩子的核心，就是不要轻易夸孩子聪明，而是要夸他很努力。

科学家做过实验，给一些小朋友做智商测试，告诉一部分小朋友他们很聪明，告诉另一些小朋友他们很努力。

然后，再给他们一些任务，有的是很难的任务，有的是很简单的任务。

结果那些被称赞聪明的孩子，都选择了简单的任务，因为他们害怕万一没做好困难的任务，别人就不会说自己聪明了。

而被称赞努力的孩子，几乎都选择了看起来比较困难但能学到东西的任务。

好的鼓励方式，是让孩子能坦然接受挫折，愿意不断进行自我挑战，以培养他们的成长型思维。

三、多鼓励孩子进行积极的自我对话，形成成长型思维

有很多学校会在墙上贴一些海报，对固定型思维和成长型思维进行对比，这样可以给孩子很强的心理暗示。

比如：

我不行，对应的是：我哪里还有欠缺？

我失败了，对应的是：失败可以帮助我学习更多。

这件事太难了，对应的是：这件事我需要花更多的时间和精力。

……

有了这种对比暗示，孩子就能更好地理解什么是成长型思维了。

本章作业

请大家根据自己的学习情况，分享1—3个本章中对你有帮助或者令你印象深刻的知识点，并结合自己孩子的学习情况，分享你的思考和感受。

12

> 第十二章 <

爱孩子，更要爱
自己

　　这一章让我们把注意力从孩子身上转移到家长身上。向内看，你会看到完全不一样的世界。所以，这一章讲的不是方法论，而是希望和大家一起，平静地去思考、去觉察、去感悟。

　　我认为这一章比之前的每一章都更重要。所以，希望大家能够认真地看完这一章。我们在实现富足人生的路上，一定要爱自己。让自己变得更好，是解决一切问题的关键。

　　我们的目标是要实现富足人生，那么，富足人生到底应该如何去衡量呢？有没有可以量化的指标呢？

第一节　富足人生应该用什么来衡量

一、富足人生的衡量标准

富足人生是说，我们在身体、智力、情感、财富、人生意义上，都能够获得一种充盈满足的状态。

如果用两个字来解释，那就是：幸福。

我们一生追求的，可能不是单一维度的身体健康、智慧超群、情感顺利、财富自由，而是我们希望这一生过得足够幸福，这是一种综合性的体验。

换句话说，如果进行综合考量，那么，幸福才是我们一生的目标。

二、你幸福吗

请大家思考一个问题：你觉得自己幸福吗？

肯定有的人说幸福，有的人说不幸福，还有的人可能会迟疑。但是注意，这个问题本身就是错的。

因为，一旦思考"我幸福吗？"这个问题，就暗示着一个人要么幸福，要么不幸福。这会把幸福看作一个最终状态。一旦达到这个状态，那么对于幸福的追求就结束了。

你是否曾经觉得只要实现了某一个目标，达到了某一种状态，人生就会特别幸福？

比如，考上喜欢的大学，和心爱的人结婚，生了一个健康的孩子，买了一个喜欢的房子等。那么，最后的结果是什么呢？

当我们真的实现了那些目标后，过不了多久就会发现，自己以为的幸福感并没有持续下去，我们又会遇到新的问题、新的挑战、新的困惑、新的欲望。

正是这种对幸福目标的执念，让我们不断产生各种挫败感。

套用一句经典的广告词，幸福应该是：没有最幸福，只有更幸福。

也就是说，我们永远可以让自己更幸福，幸福是一个需要长期追求、永远不会间断的过程。无论我们现在的年龄多大，从事哪种职业，财务状况如何，都不会影响我们对于更幸福这件事的追求。

幸福的本质是什么？是你相信追求幸福的过程是持续不断的，只不过这个过程中会有高低起伏，而且必然会有高低起伏，关键在于你并没有停止对幸福的追求。

换句话说，一旦你停止了对幸福的追求，你感觉自己一生圆满了，不幸福的感觉很快就会来临。因为，追求幸福的过程本身就是幸福。

所以，我们可以对"幸福是我们一生的目标"这句话做一个微调，改为：更幸福，是我们一生的目标。只是增加了一个字，但是意义完全不同。

与其因为还没有达到幸福的境界而垂头丧气，与其浪费力气苦思冥想自己到底有多幸福，不如认真地去体会和挖掘幸福这一无穷无尽的宝藏，同时去争取得到更多。要记得，"让自己更幸福"应该是我们毕生追求的目标。

那么，如何更幸福呢？

接下来，我们一起来看看人生的四象限模型。四个象限分别对应四类人，也代表了四种对幸福的不同认知。

第二节　人生的四种幸福模型，你选择哪一种

这四种模型，来自哈佛大学最受欢迎的泰勒·本−沙哈尔教授的幸福课。他的那本《幸福的方法》，建议大家认真读一下。

我们看下面这张图，横轴代表着你对于当下利益的追求，纵轴代表着你对于未来利益的追求。那么四个象限分别代表什么呢？

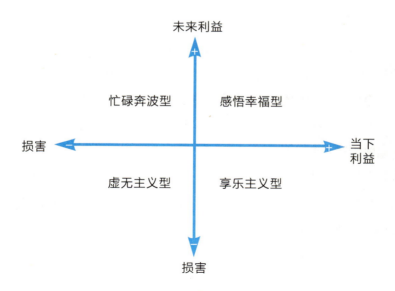

一、享乐主义型

第一个模型，叫享乐主义型。这种模型的人认为，所谓的幸福就是及时行乐，逃避痛苦。大家也一定见过类似的人或者言论，他们觉得人生苦短，能开心一天是一天，他们更加关注眼前的快乐，但是通常会忽视自己的行为可能给未来带来的负面后果。

享乐主义根本的错误在于，他们认为，努力就是痛苦，快感就是幸福。眼前的事如果能让自己爽，那就去做；一旦需要花时间和精力，那就放弃。

但是，没有目标和挑战，生活就会变得失去意义。心理学上有一个实验：付费给一群大学生，可以满足生活的基本需求，但是要求他们什么工作都不能做。结果，4—8个小时之后，这些大学生开始感到很沮丧，尽管给的收入很可观，但是他们宁愿放弃这笔收入，也希望选择一些压力相对大、收入少的工作。

所以，享乐主义型这个象限，他们追求的是横轴的当下利益，而忽视了纵轴的未来利益。

二、忙碌奔波型

第二个模型，叫忙碌奔波型。这种模型的人和享乐主义型正好相反，他们认为追求当下利益是一种罪恶。他们的一切努力都是为了实现未来的目标，而且会有这样一种想法，就是"现在经受痛苦，是为了以后获得更大的幸福"。只有忍受现在的苦，才能获得未来的甜。这也是我们的父辈甚至我们经常灌输给孩子的一种观念。

他们在努力实现目标的过程中，一直都在忍受努力的痛苦，他们更关注长远的目标，而不在意当下的感受，不懂得去享受他们正在做的事情。关键是，他们有一种错误的幻觉，那就是：一旦我的目标实现了，我就会感到开心和快乐。

三、虚无主义型

第三个模型，叫虚无主义型。这种模型的人对自己的人生失去了希望和欲望，他们既不享受当下的利益，也不愿意为自己的未来去奋斗，这可能是最差的一种人生状态。

这种模型的人认为，无论做什么，自己的人生都不会幸福。

以上三种模型都不是最优选择。那么有没有一种模型可以很好地平衡未来利益和当下利益呢？

四、感悟幸福型

第四个模型，叫感悟幸福型。这种模型的人，不仅能够享受当下所做的事情，而且通过当下的行为，他们还可以拥有更加快乐和满意的未来。

比如，一个热爱学习的学生，可以在学习的过程中享受快乐，而这种快乐可以帮助他取得好成绩，并且在未来取得更大的收获。

比如，谈恋爱，两人共同享受着爱情的美好，帮助彼此成长。

再比如，当我们从事自己热爱的事业时，尽管过程中会有各种困难，但是我们一样可以在享受的过程中取得事业的进步。

真正的幸福，一定是鱼和熊掌兼得的——既要当下的快乐，也要未来的快乐。这就需要我们为一个有意义的目标去努力奋斗。幸福不是拼命爬到山顶，也不是在山下漫无目的地游逛，幸福是登顶过程中的种种经历和感受。

第三节　如何实现幸福

如何才能实现真正的幸福呢？

一、幸福的两个维度：快乐和意义

请看下面这张图片，这张图可以很好地解释前面说的感悟幸福模型。

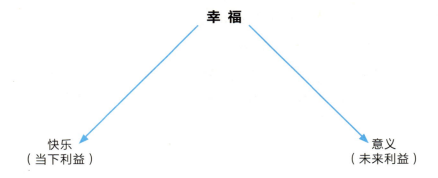

我们可以把幸福拆分成两个维度，一个是追求当下利益，也就是快乐；另一个是追求未来利益，也就是意义。

人生的幸福，就是要让快乐和意义达到一种平衡的状态。

这两个维度，也可以关联三脑理论：

情绪脑，负责追求当下的快乐；而理智脑，则负责进行长远规划，通过实现目标，来获得未来利益。

真正幸福的人，能够在自己觉得有意义的生活方式里享受它的点点滴滴。这种幸福绝不仅仅是生命中的某些时刻，而是人生的全过程。虽然有时会经历痛苦，但总体上仍然是幸福的。

二、长远的人生目标和当下的微小进步

如何才能达到真正幸福的状态呢？做到以下两点即可。

第一，找到真正让自己热泪盈眶的人生使命和目标。当你找到以后，你会发现，自己的内心不再内耗和拉扯，会更加勇敢和笃定。

第二，确定了目标之后，关注点就不再是目标本身了，而是目标实现过程中的每一小步，要享受过程中的每一个进步。

有这么一个故事：

一个年轻人和一群老僧人攀登喜马拉雅山，虽然年轻人的身体是最棒的，但是和那些老僧人相比，他反而是爬得最辛苦的。

因为年轻人只把注意力放在尽快登上山顶上，总是被前面山路的障碍重重所影响，无法享受攀登的乐趣，最终失去了攀登的愿望和毅力。

而那些老僧人当然也想登上山顶，但爬到山顶并不是第一要务，他们在确定正确的方向之后，就开始轻松愉快地享受着自己的旅程，而不会被前面的山路所困扰。

注意，目标的作用是为了帮助我们解放自我，方向没错，接下来，就是享受眼前的一切。

如果我们不知道方向，甚至不知道自己要去哪里，那么在人生的岔路口就会感到非常矛盾——似乎向左向右都没错，我们不知道方向，也不知道每条路的终点。

那样我们将无法享受旅途本身和沿途美好的风景，只会被犹豫和困惑淹没："我这么走可以吗？""我在这里转弯会走到哪里去？"

所以，只有确认了目标之后，我们才能把注意力放在旅途本身上。

关于如何找到自己的人生使命和目标，建议大家去看两本书，一本是《高效能人士的七个习惯》，另一本是《活出生命的意义》。

第四节　为什么家长要更爱自己，让自己幸福

幸福的状态是不会骗人的，而家长的状态是会传递给孩子的。家长是开心的还是痛苦的，孩子会非常敏锐地感受到。

中国家长很多时候会忽略自己的感受，而几乎把所有的心思都投放到自己的孩子身上，但是这种情感的投资，无论是对孩子还是对自己，都是一种巨大的负担。

因为，一旦孩子没有达到预期，家长一定是失望和痛苦的。对孩子来说，他也会觉得，我辜负了家长的期望，我没有权利甚至没有希望去过更好的人生。

如果我们都无法让自己变得幸福和快乐，又怎么可能教育出幸福快乐的孩子呢？我们可是孩子成长过程中最重要的人啊！

人生四种幸福模型的核心，就是希望大家能够意识到：

我们的人生，永远都在追求更幸福的路上，没有所谓的幸福终点。我们不需要进行任何的横向比较，别人比我学历高，比我赚钱多，人家的孩子比我家的孩子更优秀……这些都是盲目的比较，不会增强幸福感。

你要做的就是找到那个目标，然后享受实现目标的过程。

你的时间很贵，所以要认真过好每一天。幸福感不是源于你实现了梦想

的某一天，而是来自梦想实现过程中的每一天。

如果你在教育孩子的路上很累、很痛苦，每天都被孩子搞得抓狂，你可以休息一下，可以跟伴侣说："我真的很累，这周末你能不能带孩子半天？我想好好休息一下。"你要完全放松下来，做任何你想做的事情。你会发现，只不过是几个小时，你就可以找回当下的快乐。

你的幸福感回来了，才有好的心情和状态去教育孩子。没有任何一个孩子希望看到每天都疲惫不堪、愁眉苦脸的家长。

我们要和孩子一起终身成长，一起实现富足人生。我们和孩子是一体的，不是割裂的。

我们和孩子能够一起感受到持续的幸福感，才是真正好的家庭教育。你只有足够爱自己，自己过得很好，才能成为更好的家长，养育好自己的孩子。

爱孩子更好的方式，就是爱自己。

本章作业

请大家写一封信给自己，可以站在上帝视角观察现在的自己。在这封信里，请不要苛责自己，也暂时放下那个爱反思的你。

后 记 〈〈〈

《好孩子也有坏脾气》，是一本亲子情绪训练手册。

从开始落笔到付梓成书，经历了两年的时间。这两年里，每一次遇到亲子情绪的困惑，我都会把课程和文稿拿出来，对照着思考、总结、修改、实践，也看到越来越多的学员通过这些方法，解决了原本以为无解的亲子情绪和沟通问题。

前段时间，我家的两个儿子，一个上五年级，一个上一年级，跟着他们的足球俱乐部去山东日照参加足球比赛。我和爱人决定让孩子们独自出发，一方面因为我俩的工作比较忙，另一方面也希望能够锻炼孩子的自主能力。

出发前一晚，我和爱人给孩子们开了一个临时家庭会议，主要讲了三点：

第一，爸爸妈妈很希望能够陪你们去，但我们也百分之百相信，你们一定可以独立完成这次的比赛和旅行；

第二，不用过度担心自己的表现，比赛的输赢固然重要，但是专注比赛和享受过程，要比结果重要一万倍；

第三，爸爸妈妈会抽时间观看你们的比赛直播，给你们加油打气！

孩子们点头表示认同，然后各自去收拾行李，早早睡去。

一周后比赛结束，哥哥的队伍拿到了冠军，他还获得了赛事"金手套奖"（最佳守门员）；弟弟的队伍拿到了亚军，他成了全队的第一得分手。

我们一边为孩子们开心和骄傲，一边也在感慨，兄弟俩最开始练习踢球的时候，经常逃避上课，会因为输球而难过、愤怒，甚至自卑。但在这个过程中，我们作为父母，始终陪伴着孩子，去接纳和包容他们的情绪，尝试理解他们的困惑，并给予必要的帮助和支持。

整个过程，完全是按照这本书进行练习的。是的，即使我是作者，也同样需要练习。书中说，情绪脑一旦上线，理智脑便会被迫下线。面对孩子的情绪，父母应该用科学有效的方法来应对，而不是用情绪"以牙还牙"。

在运营亲子情绪管理训练营的过程中，我们收到了很多父母的好消息：

有的妈妈尝试和孩子进行教练式沟通后，原本拖延的孩子竟然开始主动写作业了，成绩进步很大；

有的爸爸意识到了自己对于青春期孩子负面情绪的不接纳，在给予孩子更多包容后，亲子关系有了巨大的转变；

有一位妈妈提到，她把这套方法分享给了自己的母亲，一贯严厉的母亲有一天竟然向她道歉，后悔自己当年不理解她的负面情绪，对她过度严苛；

……

我相信，这本书的上市一定可以帮助很多陷入亲子教育困境甚至感到无助的父母，走出教育的误区和"逆境"，看见孩子的情绪，也看见自己的情绪。

要好好爱孩子，也要好好爱自己！

尾声部分，是我的鸣谢时间。

感谢我的父母，是你们无条件的爱，给予了我从小到大的安全感和归属感，是你们始终如一的信任和鼓励，让我拥有了对生活的热爱和坚持挑战的勇气。

感谢我的妻子，和你相遇、相识、相爱，是我这辈子最重要也最正确的决定，没有之一。

感谢我的两个儿子，叮当和登登。感谢你们让我体会到了做父亲的无穷快乐，你们每晚睡前最喜欢听的"爸爸小时候的故事"，已经讲到1000多集了，但请原谅我，大概从第300集开始，不少故事都是我编的，希望那些"假故事"同样能给你们带去快乐。

我还要感谢与我一同奋战了多年的"一行DoMore"团队，以及亲子情绪管理训练营的所有成员，包括：

副营长：暴暴；

主理人：琪辉；

总运营：岩哥；

父母教练：笔芯、四叶草、CICI、大帆帆、丁丁、关关、Laura、lina、蓝琳、拾柒、文萱、艳艳、朱小果；

父母陪伴师：元元、纪言、岚辰、大可。

因为有你们的付出，才帮助那么多的父母解决了亲子情绪方面的问题，让那么多家庭走出了无助甚至绝望的亲子困境。感谢你们！

最后，要感谢翻开这本书的你，希望《好孩子也有坏脾气》能够成为你未来教育孩子的枕边书，也能成为你和孩子一同实现富足人生的最好见证！

K叔

2024年7月26日

于北京市西城区